地震
存亡關鍵

劉坤松 著

五南圖書出版公司 印行

88 9 21

• 目　錄 •

專欄三

● 序 ●

　　地震是台灣居民無法避免，勢必一再發生，而且必須面對的重大天然災害。尤其適逢九二一大地震十週年，中央及各學術研究單位陸續舉辦了多場相關地震等天然災害之防救災的研討會，以提醒國人對地震防災教育及研究的重視。由於台灣的自然環境因素，以致地震災害不斷，至今仍無法運用人為力量加以免除，因此，為有效減低人民生命財產損失，除了加強地震防災科技之研究與應用推廣外，地震防災教育的落實更是不可或缺。不僅各級學校應積極配合政府來教育各學子，一般民眾也要正確認識台灣的地震特性，作有效的地震防護反應，以降低地震災害所造成的損失。因此，作者累積了教學及地震防護宣導的經驗，編著了本書「地震存亡關鍵」，以呼應上述之需求。

　　本書共分四大篇，由地震該如何跑－往上或往下？來探討剖析地震存亡關鍵。首先，第一篇是要有正確的地震防護知識－求生關鍵，第二篇是要有安全的居住場所－永保安康，第三篇是九二一大地震的審視－前車之鑑，第四篇則是下一個大地震前的準備－有備無患。**地震在台灣是無法避免的，但地震災害卻是可降低減少的。**希冀透過本著作之地震防災教育的傳授及互動方式，落實讀者地震防災常識，加強對於地震災害之認識及防範，並提升居住在台灣等地震帶的民眾之地震防災知識智能，達到地震知識常識化目標，以有效適當的地震防護反應，減低地震災害所造成的生命財產損失。

　　本書參考國內外重要的學術著作，資料方面感謝中央氣象局惠予提供，圖方面感謝俞錚皞先生、黃明偉先生、吳子修先生，提供寶貴照片，讓本書生色不少。天然災害的領域浩瀚無涯，而個人才疏學淺，學識經歷有限，如有疏漏謬誤之處，尚祈各位先進惠予不吝指正，多賜高見，不勝感激。

劉坤松　謹識

高苑科技大學通識教育中心暨防災研究中心

地震該如何跑
－往上或往下？

地震發生時，到底要往上跑，還是要往下跑呢？

筆者原任職於中央氣象局地震中心，在九二一地震後，受到位於地震災區的豐原監理站邀請作專題演講，講題為「地震災害及防護」，雖然演講時段是安排在監理站員工已經疲憊辛勞為民服務一天後的傍晚，但在一個小時的演講中，與會員工仍然聚精會神的參與聆聽，專注認真的精神及態度，以及監理站陳站長的費心安排，著實讓人敬佩。在演講後發問的互動中，一名同仁提問：**地震發生時，到底要往上跑，還是要往下跑呢**？頓時，我被這個問題愣住了。因為在氣象局服務十餘年，地震災害及防護的演講也超過百場，但由以往的資料及經驗大都告訴我們：地震發生時，要盡速往外跑，並無往上跑的地震逃生指引。但在九二一地震後，民眾感到迷惘，因為在受災損失慘烈的南投、台中災區，許多罹難者是死在逃生的過程中，而且大部分是死在一樓的門後，這也由參與救災，永遠不落人後的慈濟功德會的朋友口中得知。

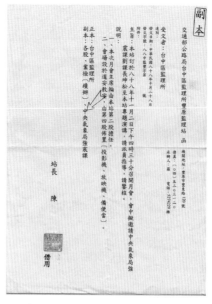

圖0.1　九二一集集大地震後，豐原監理站專題演講邀請函，講題為「地震災害及防護」。

　　因為地震發生時，電源會中斷，以致於要靠電力操作的鐵捲門無法及時升起，錯失了第一時間的逃生機會，這慘痛經驗也告訴我們，安裝在一樓的鐵捲門中，最好有一扇是用手動的，在地震發生時，在鐵門未變形前，可手動開啟，以便及時逃生。

圖0.2　九二一集集大地震許多罹難者是死在逃生的過程中，而且大部分是死在一樓的門後。（俞錚皞提供）

　　回到上述提問：地震發生時，到底要往上跑，還是要往下跑呢？

　　這個問題，是事關生命存亡的關鍵，也是處在地震帶的我們必須要面對及解決的問題。我的回答是要軟硬兼施，所謂軟體的部分，即是要有正確的地震防護知識，能做出適時有效的反應；另外硬體的部分，則是要有安全的居住場所，讓人住得安心。以下各篇

即是詳述探討說明這兩個部分的細節，以及所衍生出相關地震的重要注意課題。首先，在軟體的部分，要有正確的地震防護知識，包括具備基本的地震知識，如瞭解地震波的震動特性、台灣地體構造環境、台灣地震特性、台灣地震歷史等。然後應用這些知識於實際的地震反應上，是可將地震災害降至最低的。

至於地震來時，到底要往上跑，還是要往下跑呢？首先你要判斷地震能量即地震的規模是大還是小？當地的震度是強還是弱？地震的距離是遠還是近？你所處位置是在高樓層或低樓層？到底有多少時間可作室外逃生或室內就地的躲蔽？如何解答上述這些疑問，在第一篇裡會有詳盡的說明。至於選擇就地的室內躲蔽，這就要看建築結構是否安全，建造時施工及監工是否落實，有偷工減料嗎？房屋是否符合建物耐震設計在平面及立面原則的要求，此外，房屋是否座落於土壤液化區域，房屋建築與地震波會不會引起共振效應，這部份硬體的需求，則在第二篇裡會有進一步的探討，讓你能永保安康。

此外，在第三篇裡，將介紹台灣的地震環境、地震的災害種類，然後再審視九二一大地震所造成的房屋建物破壞，是否有選擇性，即那一種建物，如新建築或舊建築、高樓層或低樓層建築何者會有較嚴重或明顯的損壞。還有瞭解地震動的特性如震動最大值、震動持續時間及共振週期等與建築損壞的關連性，以作為前車之鑑。最後，在第四篇裡，讓讀者能夠有備無患，為下一個大地震來臨前作好準備。例如如何預防火災的處理、地震緊急包的準備、避難處的選擇（室內及屋外），期使有效降低或減少地震災害。

1

正確的地震防護知識
一求生關鍵

地震來時，到底要往外跑，還是在室內就地躲蔽呢？首先你要判斷地震是大還是小？當地的震度是強還是弱？地震的距離是遠還是近？你所處位置是在高樓層或低樓層？到底有多少時間可作室外逃生或室內就地的躲蔽？這些疑問的解答，在以下各節裡，筆者會有詳盡的說明。

1.1 地震如何發生？地震是大或小？震央位置是遠還是近？

1.1.1 地震如何發生？

由於地球內有一股推動岩層的力量，當此力量大於岩層所能承受的強度時，岩層會發生錯動。而這種錯動會突然釋放出巨大的能量，產生一種彈性波，我們稱之為地震波，當地震波到達地表時，會引起大地的震動，這就是地震。一般所稱的地震為自然地震，發生的原因主要是板塊運動所引起，例如，台灣就是位於歐亞大陸板塊與菲律賓海板塊碰撞擠壓的交界處，平均每年有 1 萬 6 千次地震（如圖 1.1）。另火山活動引發的火山地震和隕石撞擊所引起的衝擊性地震的數量較少。此外，人工地震如地下核爆也是造成地震的原因之一，爆炸時產生的能量相當於一個中規模或大規模的地震。

地震最初破裂的位置，稱為震源，在地表下的震源投影至地面的點稱為震央，氣象局常用最接近震央的鄉鎮來命名地震，例如九二一集集大地震。震央至震源的距離稱為地震深度。地震深度的深淺關係到地震破壞嚴重與否的一項重要因素。

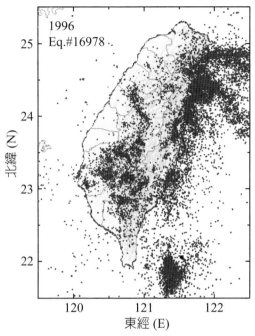

圖 1.1　1996 年發生在台灣地區的地震就有 16978 次。

1.1.2　地震是大或小，決定了破壞的程度

　　至於地震的大小，地震學者常使用兩個名詞來說明，即規模與震度，兩者意義不同，但一般人卻很容易產生混淆。規模是指一個地震所釋放出的能量，震度是表示地震時，地面上的人所感受到震動的激烈程度，或物體受震動所遭受的破壞程度。通常地震規模愈大，它所釋放的能量亦愈大，所引起的災害也愈大，規模大於 7.0 者稱為大地震。另一方面，距離震央愈近，其震度愈大，破壞力愈強；此外，建築物所在地層的軟弱或堅硬也是一項重要因素（在 2.3.1 中會再詳加說明）；一般建築物在震度五級以上就可能會有破壞的情形發生。有關規模與震度兩者的說明與比較請參見後方專欄。

1.1.3　震央位置是遠還是近，決定可應變時間的長短

　　地震是地震波由震源傳到地表時，所引起大地的震動，傳播距離除以地震波傳的速度就是波傳的時間。因此地震位置愈近，波傳的時間也就愈短；換句話說，地震位置的遠近，決定了民眾可應變時間的長短。

1.2　地震波到達時，是先上下動，還是前後左右動？

　　接下來，我們來介紹地震波的種類、振動方式及傳播速度，瞭解整個地震過程中，人體感受震動的方式及其先後順序，以便作出適時的應變措施。

1.2.1　地震波類型

　　地震發生時，能量由發生點（震源）以波的型式向四面八方傳遞，由於波在傳遞過程中會經過折射或反射等過程，會有各種的波相產生，依地震傳遞路徑可分為通過地球內部的實體波與沿地表傳播的表面波兩種類型。實體波又可分為兩種，首先是最快到達的初達波（Primary wave），簡稱 P 波，然後是第二到達的次達波（Secondary wave），簡稱 S 波，緊接著有可能是表面波的到達，表面波又可包括洛夫波（L 波）與雷利波（R 波）。這些波所造成人體感受的搖晃方式也與波的介質振動方式有關，下節再詳述。

　　地震發生時，由地震儀記錄下震波，由震波的紀錄我們發現，最先到達的波為 P 波，其次為 S 波，再來為表面波，其中表面波又以洛夫波較雷利波要早到達（圖 1.2）。表面波是屬較長週期的

波，因此由長週期且距地震較遠測站的地震儀器所記錄到的地震記錄能明顯的顯示這些波的到達順序及振幅大小。

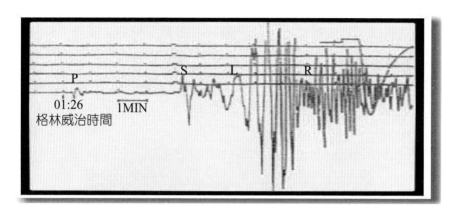

圖 1.2　長週期地震儀紀錄，由地震波紀錄我們發現，地震發生時，最先到達的波為 P 波，其次為 S 波，再來為表面波，其中表面波又以洛夫波（L 波）較雷利波（R 波）要早到達。

資料來源：國立中央大學應用地質研究所

1.2.2　地震波振動方式

　　地震發生時，在震源引起的擾動將以波的方式自震源向四面八方傳播，而依介質振動的波動性質可區分為縱波和橫波。所謂縱波（或壓縮波）是在傳播時，質點的振動方向與震波傳播方向同向，即傳波的質點在沿著傳播的方向上交替產生壓縮與伸張的變化，一疏一密，有如聲波一般（如圖 1.3），P 波即為縱波。P 波可以在固體與液體中傳播。這裡要提醒讀者的是，質點是在原地附近做前後、上下或左右的來回振動，並未隨著波的傳播往前移動而離開原位置。就如觀眾看職棒或運動場的比賽，在觀眾席上一排排先後的起立坐下所產生的波浪舞一樣，觀眾並未離開原位置。另一

種波為橫波，所謂橫波（或剪力波）在傳播時，質點振動方向與震波傳播方向垂直，即傳波質點在垂直傳播的方向上振動，而使介質扭曲（如圖 1.4），S 波即為橫波。由於此種特性，所以 S 波是無法在液體或氣體中傳播，因為液體或氣體無法扭曲。此外，S 波因為質點運動方向與震波傳播方向垂直，其垂直方向又可分為上下垂直及左右垂直，上下垂直為鉛垂方向的運動稱為 SV 波，左右垂直為水平方向的運動稱為 SH 波（如圖 1.5）。

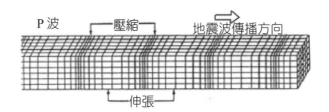

圖 1.3　P 波：P 波質點運動方向與震波傳播的方向同向，所以波的表現是壓縮及伸張形式。

資料來源：中央氣象局

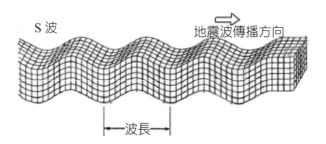

圖 1.4　S 波：S 波質點運動方向與震波傳播方向垂直，產生一上一下或一左一右的震動。圖中的 S 波應為一上一下震動的 SV 波。

資料來源：中央氣象局

圖 1.5　SV 波及 SH 波

　　體波在傳播時因為地球內部物質的層狀構造及地表界面的作用
（如折射、反射的作用），又可發育出只在地表部份傳播的表面
波，其振幅隨距離地表的深度加深而變小。表面波亦有兩種，即洛
夫波（L 波）與雷利波（R 波）（如圖 1.6），如波向前傳播，其
中洛夫波行進模式如蛇行，質點振動方向與 SH 波相同，在垂直地
面的方向上則沒有振動，造成水平向地震波。而雷利波的質點振動
方式是在垂直面上的橢圓運動，行進模式有如海浪，將造成垂直向
地震波。

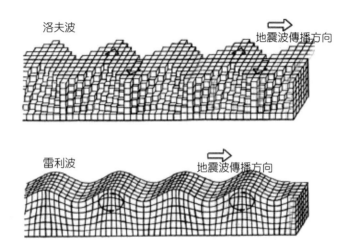

圖 1.6　表面波：表面波包含兩種類型的運動。如波是向前傳播，第一種的
　　　　洛夫波，只有左右震動，波質點運動形式如同 SH 波；另一種為雷利
　　　　波，是上下混合震動，運動軌跡為倒行橢圓形。
資料來源：中央氣象局

1.2.3　地震波速度

　　地震發生時，能量由震源以波的型式向四面八方傳遞，由於波
在傳遞過程中會經過折射或反射等過程，會有各種的波相產生，就
好像有一班學生由賽跑起點起跑，由於每個人跑的速度不一樣，到
達終點的時間也會有所不同而產生了先後順序，跑的快的同學先
到，跑的慢的後到。

　　一般而言，地震波速度會隨著地層深度增加而增加。在台灣
的地殼速度構造詳如表 1.1 及圖 1.7。在地殼中傳遞，實體波的速
度較快，P 波的波速約為 6.5～7 公里／秒；S 波的波速約為 3.5～
4 公里／秒；表面波的波速比實體波慢，其波速約為 2.5～3.2 公里
／秒，其中雷利波又較洛夫波慢。

　　在地函中，隨深度逐漸增加 P 波及 S 波的速度亦逐漸增加（如圖 1.8），到地下 2900 公里深，P 波速度最大，約為 13.7 公里／秒，S 波約為 7 公里／秒，再深一點 P 波速度減小為 8 公里／秒，而 S 波則沒有記錄，因為此處為地函、地核之間的不連續面（稱為古騰堡不連續面），超過地函即為液態的地核，S 波無法在液態中傳播。在外核，P 波速度仍隨深度增加而增加。當到地下約 5100 公里深時，S 波又再度出現，所以一般認為內核為固態。

表 1.1　台灣地區地殼速度構造

深度（公里）	厚度（公里）	P 波速度（公里／秒）	S 波速度（公里／秒）
0－2	2	3.48	1.96
2－4	2	4.48	2.62
4－9	5	5.25	3.03
9－13	4	5.83	3.35
13－17	4	6.21	3.61
17－25	8	6.41	3.71
25－30	5	6.83	3.95
30－35	5	7.29	4.21

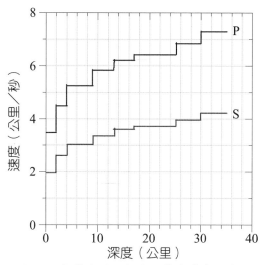

圖 1.7　台灣地區地殼的地震波速度分布圖

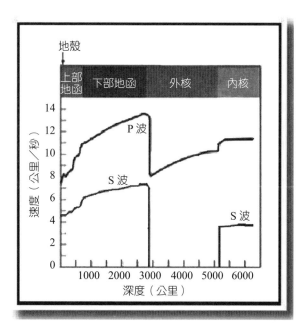

圖 1.8　地球內部地震波速度分布圖

資料來源：國立中央大學應用地質研究所

1.3　房屋倒塌與地震震動的程度及方式有關

　　綜合上一節所述，瞭解整個地震發生過程中，所產生的地震波的種類及其傳播速度包括最快到達的初達波 P 波，然後是第二到達的次達波 S 波，緊接著有可能是主振動波表面波的到達，表面波包括洛夫波 L 波與雷利波 R 波。在震動方式方面，P 波是上下振動，S 波是水平振動，表面波則是水平振動以及緩慢的前上後下之搖滾振動。在圖 1.9 即畫出地震波先後到達的順序及各波相的質點振動方式與波傳播方向的相關性。

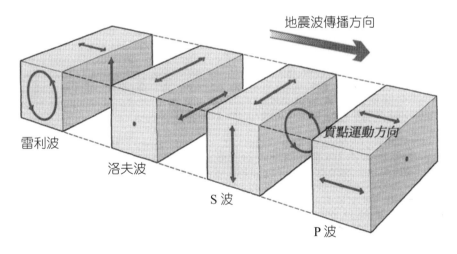

圖 1.9　地震發生時，由地震波記錄我們發現，最先到達的波為 P 波，其次為
　　　　S 波，再來為表面波，其中表面波又以洛夫波（L 波）較雷利波（R
　　　　波）要早到達。請留意各波相質點振動方式與波傳播方向的相關性。
資料來源：國立中央大學應用地質研究所

　　因為地震是發生在地底下，地震波傳到地面位置是由下往上傳播，因此由 P 波所引起人體感受震動的方式為短週期的上下振

動，如圖 1.10 所示，P 波質點振動方向與震波傳播的方向相同，所以波的表現是傳波的質點在沿著傳播的方向上交替產生壓縮與伸張的變化，由圖 1.10(1) 至 (3)，波是由伸張至壓縮的變化，由圖 1.10(3) 至 (5)，波是由壓縮至伸張的變化。因此地面上的建物房屋或人體所受到的振動即是上下的震動。

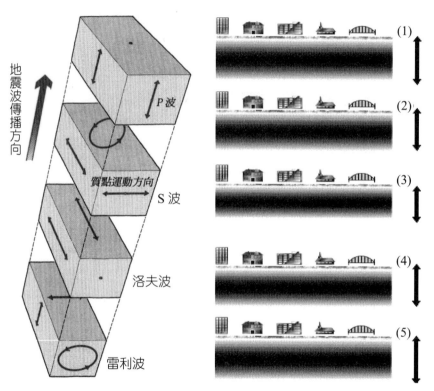

圖 1.10　由 P 波所引起建物或人體受震動方式的示意圖。因為地震是發生在地底下，地震波傳到地面位置是由下往上傳播，因此由 P 波所引起人體感受震動的方式為短週期的上下振動，如圖所示，P 波質點振動方向與震波傳播的方向相同，所以波的表現是傳波的質點在沿著傳播的方向上交替產生壓縮與伸張的變化，由圖(1) 至 (3)，波是由伸張至壓縮的變化，由圖(3) 至 (5)，波是由壓縮至伸張的變化。因此地面上的建物房屋或人體所受到的振動即是上下的震動。

　　此外，由 S 波所引起人體感受震動的方式為短週期的水平振動，如圖 1.11 所示，S 波質點振動方向與震波傳播的方向垂直，即傳波質點在垂直傳播的方向上振動，而使介質扭曲，所以波的表

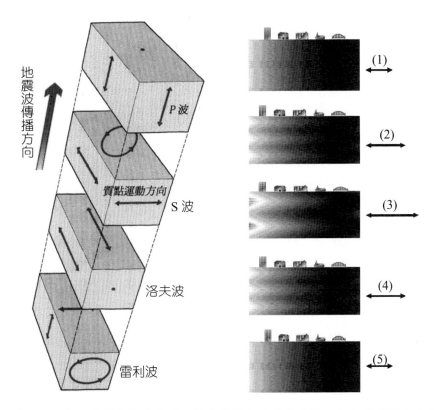

圖 1.11　由 S 波所引起建物或人體受震動方式的示意圖。由 S 波所引起人體感受震動的方式為短週期的水平振動，如圖所示，S 波質點振動方向與震波傳播的方向垂直，即傳波質點在垂直傳播的方向上振動，而使介質扭曲，所以波的表現是傳波的質點在垂直傳播的方向上交替產生 S 形波浪的變化。因為地震是發生在地底下，地震波傳到地面位置是由下往上傳播，因此由 S 波所引起的人體感受震動的方式為產生一前一後或一左一右的震動。由圖(1) 至 (3)，波是由小振福至大振福的變化，由圖(3) 至 (5)，波是由大振福至小振福的變化。因此地面上的建物房屋或人體所受到的振動即是水平向橢圓式的震動。

現是傳波的質點在垂直傳播的方向上交替產生 S 形波浪的變化。因為地震是發生在地底下，地震波傳到地面位置是由下往上傳播，因此由 S 波所引起的人體感受震動的方式為產生一前一後或一左一右的震動。由圖 1.11(1) 至 (3)，波是由小振福至大振福的變化，由圖 1.11(3) 至 (5)，波是由大振福至小振福的變化。因此地面上的建物房屋或人體所受到的振動即是水平向橢圓式的震動。

至於由表面波所引起人體感受震動的方式為較長週期的振動，如圖 1.12 所示，洛夫波質點振動方向與震波傳播的方向垂直，即傳波質點在垂直傳播的方向上振動，而使介質扭曲，有如 SH 波，所以波的表現是傳波的質點在垂直傳播的方向上交替產生 S 形波浪的變化。因為地震是發生在地底下，地震波傳到地面位置是由下往上傳播，因此由洛夫波所引起的人體感受震動的方式為產生前後或左右的水平方向的震動。接著是雷利波，由雷利波所引起人體感受震動的方式為較長週期的上下及水平方向的振動，如圖 1.12 所示，雷利質點振動方式是橢圓運動，行進模式有如海浪，將造成地面上下及水平方向的振動。所以表面波的整體表現是傳波的質點先產生較長週期的水平方向震動再接著同時上下及水平方向的振動，由圖 1.12(1) 至 (3)，波是由壓縮至伸張以及小振福至大振福的變化，由圖 1.12(3) 至 (5)，波是由伸張至壓縮以及大振福至小振福的變化。因此地面上的建物房屋或人體所受到的振動即是先水平向再前上後下緩慢的搖滾震動。

地震波的能量一方面會透過幾何擴散而分散到空間中，當地震波傳得愈遠，其單位體積內的能量愈少，因此距離震源愈近的地區所感受到的振動將愈大；另一方面地震波的能量會因岩層之間的摩擦阻力作用而造成衰減，當地震波穿過地層愈久，衰減得愈多，且以 P 波的衰減量最大，因此淺層地震或近距離地震的地表上下振動

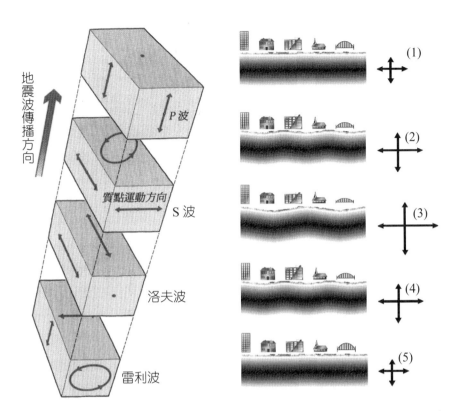

地震波傳播方向

P 波

質點運動方向　S 波

洛夫波

雷利波

(1)
(2)
(3)
(4)
(5)

圖 1.12　由表面波所引起建物或人體受震動方式之示意圖。由表面波所引起
　　　　人體感受震動的方式為較長週期的振動，洛夫波質點振動方向與震
　　　　波傳播的方向垂直，即傳波質點在垂直傳播的方向上振動，而使介
　　　　質扭曲，有如 SH 波。接著是雷利波，由雷利波所引起人體感受震
　　　　動的方式為較長週期的上下及水平方向的振動，雷利質點振動方式
　　　　是橢圓運動，行進模式有如海浪，將造成地面上下及水平方向的振
　　　　動。所以表面波的整體表現是傳波的質點先產生較長週期的水平方
　　　　向震動再接著同時上下及水平方向的振動，由圖(1) 至 (3)，波是由壓
　　　　縮至伸張以及小振福至大振福的變化，由圖(3) 至 (5)，波是由伸張至
　　　　壓縮以及大振福至小振福的變化。因此地面上的建物房屋或人體所
　　　　受到的振動即是先水平向再前上後下緩慢的搖滾振動。

較為明顯，而深層地震或遠距離地震的地表上下振動常衰減到不易為人所察覺。換句話說，**如果你感受到很明顯的上下震動，代表著兩項含意：一項是地震很大，另一項是地震很近，因此 P 波所引起的上下震動並未衰減掉，這時你所能反應的時間也就非常有限，往往是數秒後，由 S 波所引起更大的前後左右震動隨即就到。這時如在高樓就只有選擇在原地躲避而無法作室外逃生，**（在躲避前可先作些應變，此部分在第四篇會詳加說明）。

當波進入不同介質時將會產生反射與折射等現象，因此，如果先不考慮地震波動的衰減與幾何擴散特性，則在地表所感受到的振動應該是先由 P 波引起的短週期上下振動，隨後為由 S 波引起的短週期水平振動，最後才是由表面波所引起之長週期水平振動與以及緩慢的前上後下之搖滾振動。所以人體感受震動的方式及其先後順序：先由 P 波引起的短週期上下振動，隨後為由 S 波引起的短週期水平振動，最後才是由表面波所引起的長週期水平振動與以及緩慢的前上後下的搖滾振動。

然而，房屋倒塌與所受外力的能量有關，外力愈大，震動愈久房屋就愈容易倒塌，而顯現地震所施加於房屋之外力能量的表現即是地震波震動的幅度，能量與振幅的平方成正比。通常第二到達的主要波為 S 波，其振幅會大於第一到達的 P 波，而在 S 波後到達的表面波，其振幅又會大於第二到達的 S 波。如圖 1.2 所顯示，波到達的順序是 P 波、S 波、表面波，波振幅大小的順序則是表面波、S 波、P 波。地震發生時，由地震儀記錄下震波，由震波記錄我們發現，最先到達的波為 P 波，其次為 S 波，再來為表面波，其中表面波又以洛夫波（L 波）較雷利波（R 波）要早到達。由圖 1.2 長週期的地震儀記錄能明顯的顯示這些波的到達順序及振幅大小。若距離不太遠時，則因各種波的速度差異不大，不易分別。上述水平振動的 S 波及表面波，對建築物的傷害最大。

1.4　時間、空間的掌握，決定避難的地點及方式

　　如何決定避難的地點及方式，簡而言之，就是時間與空間的考量。地震來時所引起震動的程度及方式會隨地震發生後的時間變化而有不同的表現。

　　因為地震向外傳遞有速度不同的波相。換句話說，地震位置愈近，速度愈快的地震波到達的時間也就愈短。在 1.2.3 節我們瞭解，在地殼中傳遞，P 波的波速約為 6～7 公里／秒；S 波的波速約為 3.5 公里／秒；當地震發生時，震波即經過地球內部向外傳播，此時地表不同位置的測站，即可接收記錄這些震波訊號。距離震源愈近的測站愈早收到訊號，愈遠的則愈晚收到，不同距離測站相對於不同時間，可以建立走時曲線（travel time curve）。走時曲線蘊藏著震波經過地球內部時的遭遇，利用走時曲線可將地球內部情形推測出來。筆者分別將九二一地震日月潭、名間、台中、新竹以及台北共五個測站 P 波與 S 波的傳遞時間對震央距離畫出如圖 1.13，即為走時曲線。圖上的附表也標示出日月潭、名間、台中、新竹以及台北共五個測站 S 波與 P 波的傳遞時間差分別是 2.0、2.5、5.4、14.5 與 21.4 秒。而這五個測站的震央距離分別是 9.0、13.5、35.0、100.3 與 150.4 公里。距離愈遠的測站，S 波與 P 波的傳遞時間差愈大。意味著，**距離愈遠的測站，在感受到上下動的 P 波後，振幅較大的 S 波來的愈晚，也就愈有較長的反應時間**。此由圖 1.13、圖 1.14 及圖 1.15 可明顯看出。甚至距離遠的測站，並未感受到上下動的 P 波。

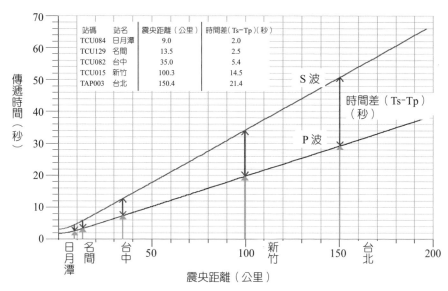

站碼	站名	震央距離（公里）	時間差（Ts-Tp）（秒）
TCU084	日月潭	9.0	2.0
TCU129	名間	13.5	2.5
TCU082	台中	35.0	5.4
TCU015	新竹	100.3	14.5
TAP003	台北	150.4	21.4

圖 1.13　九二一地震所建立的走時曲線，圖中標示出日月潭、名間、台中、
　　　　新竹以及台北共五個測站 P 波與 S 波的傳遞時間與震央距離關係。
　　　　圖上的附表也標示出五個測站 S 波與 P 波的傳遞時間差分別是 2.0、
　　　　2.5、5.4、14.5 與 21.4 秒。

　　圖 1.14 是震央距離 13 公里南投名間測站的地震波紀錄，經
計算後 P 波在地震發生後 3.4 秒到達，在地震發生後 5.9 秒 S 波到
達，S 波與 P 波的到達時間差為 2.5 秒，緊跟著在 S 波到達 3.1 秒
後（P 波到達 5.6 秒後），大振幅的主振動波到達。一連串的振動
搖晃，衝擊著建物房屋，主要是低樓層的舊式房屋。試想如此短的
時間，除原在一樓的民眾有機會逃至戶外，其他樓層的人可能就要
選擇就地掩蔽了，可別逃至一樓門口發現鐵捲門因停電無法開啟而
枉死門後。

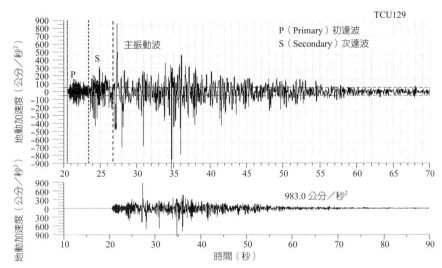

圖 1.14　南投名間測站的地震波紀錄，經計算後 P 波在地震發生後 3.4 秒到
　　　　達，在地震發生後 5.9 秒 S 波到達，S 波與 P 波的到達時間差為 2.5
　　　　秒，緊跟著在 S 波到達 3.1 秒後（P 波到達 5.6 秒後），大振幅的主
　　　　振動波到達。一連串的振動搖晃，衝擊著建物房屋，主要是低樓層
　　　　的舊式房屋。

　　比較震央距離 150 公里台北測站的地震波紀錄，如圖 1.15 所
示，經計算後 P 波在地震發生後 29.2 秒到達，在地震發生後 50.6
秒 S 波到達，S 波與 P 波的到達時間差為 21.4 秒，緊跟著在 S 波
到達 11 秒後（P 波到達 32.4 秒後），大振幅的主振動波到達。一
連串的振動搖晃，衝擊著建物房屋，尤其是較高樓層的大樓可能會
有共振效應而放大了樓層的加速度。

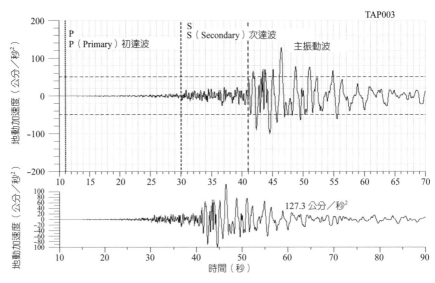

圖 1.15　台北測站的地震波紀錄，經計算後 P 波在地震發生後 29.2 秒到達，在地震發生後 50.6 秒 S 波到達，S 波與 P 波的到達時間差為 21.4 秒，緊跟著在 S 波到達 11 秒後（P 波到達 32.4 秒後），大振幅的主振動波到達。一連串的振動搖晃，衝擊著建物房屋，尤其是較高樓層的大樓。

　　由上述兩個距離不同測站的地震波紀錄比較可告訴我們，**距離愈遠的測站，振幅較大的 S 波及主振動波來的愈晚，也就愈有較長的反應時間**。而且，距離愈遠的測站，考慮地震波動的衰減與幾何擴散特性，地震波的能量一方面會透過幾何擴散而分散到空間中，當地震波傳得愈遠，其單位體積內的能量愈少，因此距離震源愈遠的地區所感受到的振動將愈小；另一方面地震波的能量會因岩層之間的摩擦阻力作用而造成衰減，當地震波穿過地層愈久，衰減得愈多，以 P 波的衰減量最大，因此地震的地表上下振動常衰減到不易為人所察覺。但也**不能就掉以輕心，因為緊隨在後表面波所引起的長週期振幅較大的振動，對高層建築及橋樑是主要破壞損害的關鍵**。

　　一般在地震紀錄中振幅較大的表面波要有適當的環境（如鬆軟的盆地或沖積地層）才易生成，在九二一集集大地震發生時，由台北測站的震波記錄我們發現，最先到達的波為 P 波，其次為 S 波，再來為表面波，至於在南投名間測站的震波記錄，表面波並不明顯，我們發現，最先到達的波為 P 波，其次為 S 波，再來為主振動波（可能是來自地層的反射波疊加而成）。

　　建築結構物的損壞。除了振動的最大值（振幅），即所遭受的震度外，還有震動持續時間及振動主頻週期等皆與建築損壞有所關連，此部分留在在第三篇裡，審視九二一大地震所造成的房屋建物破壞，是否有選擇性時，筆者再做探討及說明。

專欄一

規模與震度

對於地震的大小強弱，地震學者常使用兩個名詞來說明，即規模與震度。兩者意義不同，一般人很容易混淆。規模（magnitude）是指地震所釋放出的能量，本身是無單位的實數。目前台灣所使用的地震規模為芮氏規模（M_L），是美國地震學家芮氏於 1935 年所提出，除此之外，還有體波規模（m_b）、表面波規模（M_S）、地震矩規模（M_w）等十數種，因度量方式不同而有不同的數值，但皆表示該地震所釋放出的能量，而且各種地震規模皆有關係式可供轉換。

地震的大小以規模區分，規模小於 3.0 者稱微小地震，等於或大於 3.0 而小於 5.0 者稱小地震，等於或大於 5.0 而小於 7.0 者稱中地震，等於或大於 7.0 者稱大地震。通常地震規模愈大，它所釋放的能量亦愈大，當然引起的災害亦愈大。不過仍與震央位置與人口稠密地區的遠近有關，一般規模在 2.5 以上時，震央附近會有感，規模在 4.5 可能有局部輕微的災害，規模在 7 以上時，則會造成重大的災害。地震釋放能量如以原子彈個數的威力方式計算請詳見下一則專欄。

震度（intensity）是表示地震發生時，地面上的人所感受到震動的程度，或物體受震動所遭受的破壞程度而言。一般來說，距離震央愈近，其震度愈大，破壞力愈強。震度除與距離有關外，也與當地的地質及土壤狀況有關，通常軟弱土層對長週期的表面波有較大的放大作用，而此大振幅的長週期波正是造成較高層建物及長跨距結構物破壞的重要因素。

　　地震的強弱以震度區分，目前台灣所使用的震度分級是由中央氣象局所訂定，震度級以正的整數表示，無感為 0 級，有感則由 1 級至 7 級，分別是微震、輕震、弱震、中震、強震、烈震與劇震；此外，震度亦可由加速度值來劃分。交通部中央氣象局地震震度分級表如後。世界其他國家如日本震度分為 7 級，美國分為 12 級，世界各國地震震度分級比較表如後。

　　在救災方面的應用上，可將一地震各個震度相同的各地點相連成數條曲線，得到等震度圖。等震度線的形狀可能呈圓形，但因各地的地質結構不同，則可能呈現不規則狀。一般來說，震央附近的震度最大，所以可藉由等震度圖來推估震央位置，而且從等震度圖可預估地震災害損壞的分佈概況。

表 1.2　規模與震度之比較

	地震規模	地震震度
大小定義	地震所釋放出的能量	人體的震撼與建物破壞程度
計算方式	震波振幅及週期	最大地表加速度
表示方式	無單位之實數	數字為 0，或正整數
分級	微小地震：< 3.0 小地震　：3.0～5.0 中地震　：5.0～7.0 大地震　：> 7.0	級數 0～7 級（台灣及日本）或 0～12 級（美國及歐洲）（詳如專欄一之地震震度分級表）
比喻方式	燈泡之燭光數	燈泡產生之照度

地震釋放能量─以原子彈個數的威力方式計算

地震規模與釋放能量的關係,根據地震學家古騰堡之公式如下:

$$\log E = 11.8 + 1.5M_L \tag{1}$$

E:釋放能量(單位:爾格),M_L:地震規模

可知規模每增加一單位,其所釋放的能量增為 31.6 倍,近似 32 倍。即規模 7 的地震所釋放的能量約為規模 6 的 32 倍,約為規模 5 的 1000 倍。

規模 6.2 的地震,它的能量相當於 1 個轟炸日本廣島類型原子彈的威力,而規模 8.2 的地震,它的能量相當於 1000 個轟炸日本廣島類型原子彈的威力。

$$\log E = 11.8 + 1.5M_L \text{,} E = 10^{11.8+1.5M_L}$$

$$E_1 = 10^{11.8+1.5M_{L1}} \text{,} E_2 = 10^{11.8+1.5M_{L2}}$$

$$\frac{E_1}{E_2} = \frac{10^{11.8+1.5M_{L1}}}{10^{11.8+1.5M_{L2}}} = 10^{1.5(M_{L1}-M_{L2})} = 10^{1.5\Delta M_L} \tag{2}$$

$$\Delta M_L = 0.2 \Rightarrow \frac{E_1}{E_2} = 10^{1.5 \times 0.2} = 10^{0.3} \approx 2$$

$$\Delta M_L = 0.4 = 0.2 \times 2 \Rightarrow \frac{E_1}{E_2} = 10^{1.5 \times 0.2 \times 2} = (10^{0.3})^2 \approx 2^2 = 4$$

$$\Delta M_L = 0.6 = 0.2 \times 3 \Rightarrow \frac{E_1}{E_2} = 10^{1.5 \times 0.2 \times 3} = (10^{0.3})^3 \approx 2^3 = 8$$

$$\Delta M_L = 0.8 = 0.2 \times 4 \Rightarrow \frac{E_1}{E_2} = 10^{1.5 \times 0.2 \times 4} = (10^{0.3})^4 \approx 2^4 = 16$$

$$\Delta M_L = 1.0 = 0.2 \times 5 \Rightarrow \frac{E_1}{E_2} = 10^{1.5 \times 0.2 \times 5} = (10^{0.3})^5 \approx 2^5 = 32$$

　　由上的計算可知，規模每增加 0.2，能量增為 2 倍，以 2 的指數次方增加。這是種速算法，不過較精確的算法還是要用下式 (3) 來算

$$N_o = 10^{1.5(M_L-6.2)} \tag{3}$$

N_o：原子彈個數，M_L：地震規模

表 1.3　地震釋放能量—地震規模相當原子彈個數威力的換算結果

地震規模	原子彈個數	地震規模	原子彈個數	地震規模	原子彈個數	地震規模	原子彈個數	地震規模	原子彈個數
5.0	0.01	6.0	0.5	7.0	16	8.0	501	9.0	15848
5.1	0.02	6.1	0.70	7.1	22	8.1	708	9.1	22387
5.2	0.03	6.2	1	7.2	32	8.2	1000	9.2	31622
5.3	0.04	6.3	1.4	7.3	45	8.3	1413	9.3	44668
5.4	0.06	6.4	2	7.4	63	8.4	1995	9.4	63096
5.5	0.08	6.5	3	7.5	89	8.5	2818	9.5	89125
5.6	0.12	6.6	4	7.6	126	8.6	3981	9.6	125892
5.7	0.17	6.7	6	7.7	178	8.7	5623	9.7	177828
5.8	0.25	6.8	8	7.8	251	8.8	7943	9.8	251189
5.9	0.35	6.9	11	7.9	355	8.9	11220	9.9	354813

1999 年九二一地震（$M_L = 7.3$）～原子彈個數 45

2004 年南亞海嘯地震（$M_w = 9.0$）原子彈個數 15848

1960 年智利地震（$M_w = 9.5$）原子彈個數 89125（目前世界最大地震）

交通部中央氣象局地震震度分級表

（資料來源：中央氣象局）

交通部中央氣象局地震震度分級表（八十九年八月一日公告修訂）

震度分級		地動加速度範圍	人的感受	屋內情形	屋外情形
0	無感	0.8gal 以下	人無感覺。		
1	微震	0.8～2.5gal以下	人靜止時可感覺微小搖晃		
2	輕震	2.5～8.0gal以下	大多數的人可感到搖晃，睡眠中的人有部份會醒來。	電燈等懸掛物有小搖晃。	靜止的汽車輕輕搖晃，類似卡車經過，但歷時很短。
3	弱震	8.0～25gal以下	幾乎所有人都感覺搖晃，有的人會有恐懼感。	房屋震動，碗盤、門窗發出聲音，懸掛物搖晃。	靜止的汽車明顯搖動，電線略有搖晃。
4	中震	25～80gal以下	有相當程度的恐懼感，部份的人會尋求躲避的地方，睡眠中的人幾乎都會驚醒。	房屋搖動甚烈，底座不穩物品傾倒，較重傢俱移動，可能有輕微災害。	汽車駕駛人略微有感，電線明顯搖晃，步行中的人也感到搖晃。
5	強震	80～250gal以下	大多數人會感到驚嚇恐慌。	部份牆壁產生裂痕，重傢俱可能翻倒。	汽車駕駛人明顯感覺地震，有些牌坊煙囪傾倒。
6	烈震	250～400gal以下	搖晃劇烈以致站立困難。	部份建築物受損，重傢俱翻倒，門窗扭曲變形。	汽車駕駛人開車困難，出現噴沙噴泥現象。
7	劇震	400gal 以上	搖晃劇烈以致無法意志行動。	部份建築物受損嚴重或倒塌，幾乎所有傢俱都大幅移位或摔落地面。	山崩地裂，鐵軌彎曲，地下管線破壞。

註：1gal＝1cm/sec^2

世界各國地震震度分級比較表

（資料來源：中央氣象局）

世界各種地震震度分級比較表

震度分級	我國現用震度階 2000 度	日本氣象廳震度階 1996 年	M. S. K 震度階 1964 年	新 MERCALLI 震度階 1956 年	CANCANI 震度階 1903 年	DE ROSSIFOREL 震度階 1833 年
0 無感	0.8gal 以下	0	I 無感	○ 0.5gal 以下 I 0.5～1.0gal	I 0.25gal 以下 II 0.25～0.5gal III 0.5～1.0gal	I
1 微震	0.8～0.25gal	1	II 極輕	II 1.0～2.1gal	IV 1.0～2.5gal	II
2 輕震	2.5～8.0gal	2	III 弱	III 2.1～5.0gal	V 2.5～5.0gal	III
3 弱震	8～25gal	3	IV 大部份人有感 V 12～25gal	IV 5～10gal V 10～21gal	VI 5～10gal VII 10～25gal	IV V
4 中震	25～80gal	4	VI 25～50gal VII 50～100gal	VI 21～44gal VII 44～94gal	VIII 25～50gal IX 50～100gal	VI
5 強震	80～250gal	5 弱 5 強	VIII 100～200gal	VIII 94～202gal	X 100～250gal	VII
6 烈震	250～400gal	6 弱 6 強	IX 200～400gal	IX 202～432gal	XI 250～550gal	VIII IX
7 劇震	400gal 以上	7	X 400～800gal XI, XII 800gal 以上	X 432gal 以上 XI XII	XII 500～1000gal	X

備註一：日本震度階僅為示意圖，實際日本震度階是由加速度值與地震動持續時間經計算而得，無法僅由加速度值得知。

備註二：歐美國家多數採用 1956 年修訂後的麥卡利震度階。

地震波到達時間的計算（走時曲線）

當地震發生時，震波即經過地球內部向外傳播，此時地表不同位置的測站，即可接收記錄這些震波訊號。距離震源愈近的測站愈早收到訊號，愈遠的則愈晚收到，不同距離相對於不同時間，可以建立走時曲線（travel time curve）。走時曲線蘊藏震波經過地球內部時的遭遇，利用走時曲線可將地球內部情形推測出來。1940 年代，Jeffreys 與 Bullen 根據當時地球的速度模型，推算出橫軸為震央距離，縱軸為 P 波及 S 波到達的時間，以這樣推算距離及時間的關係，建立出走時曲線，亦稱為 J-B 表。由走時曲線可以幫助辨識震波記錄中可能到達的各個波相，以及分辨是否為雜訊。

筆者根據中央氣象局地震定位的速度模型（圖 1.16），建立出九二一地震的走時曲線（圖 1.17）

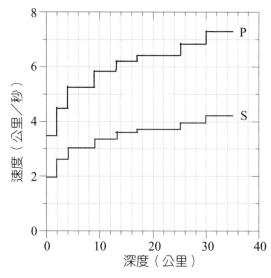

圖 1.16　台灣地區地殼的地震波速度模型

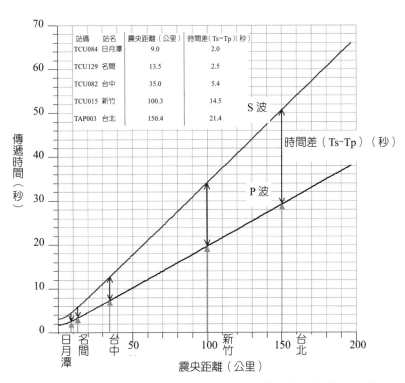

站碼	站名	震央距離（公里）	時間差(Ts−Tp)(秒)
TCU084	日月潭	9.0	2.0
TCU129	名間	13.5	2.5
TCU082	台中	35.0	5.4
TCU015	新竹	100.3	14.5
TAP003	台北	150.4	21.4

圖 1.17　九二一地震所建立的走時曲線，圖中標示出日月潭、名間、台
中、新竹以及台北共五個測站 P 波與 S 波的傳遞時間與震央距離
關係。圖上的附表也標示出五個測站 S 波與 P 波的傳遞時間差分
別是 2.0、2.5、5.4、14.5 與 21.4 秒。五個測站的震央距離分別是
9.0、13.5、35.0、100.3 與 150.4 公里。

　　走時曲線的另一個用途是可推得地震的震央位置，地震震央
的位置可由地震儀中 P 波及 S 波到達的時間決定，越遠離震央
的地震儀，其所記錄 P 波及 S 波到達時間的時間差越大。P 波與
S 波到達時間的差距，和震波傳播的距離成比例。從走時曲線中 P
波與 S 波的走時時間差，就可知道測站與震央的距離，為了知道震
央的位置，必須使用三個測站的記錄，每一個測站都可以找到測站
與震央的距離，就可以畫圓，則這三個圓的交點即為震央位置。

2

安全的居住場所
－永保安康

　　由第一篇的解說中，我們瞭解如果地震很大或很近，則在感受明顯上下動的 P 波到達後，在造成建築物破壞力較強的 S 波或主震動波到達前，只有數秒至十餘秒的時間可做有效的應變措施，如果你身處在三樓以上，則沒有充分時間往室外空曠處逃生；此時，就要選擇室內就地的躲蔽。至於選擇就地的室內躲蔽能否避免傷亡，則就要看建築結構是否安全，建造時施工及監工是否落實，有偷工減料嗎？房屋是否符合建物耐震設計在平面及立面原則的要求，此外，房屋地基是否座落於土壤液化區域，房屋結構會不會與地震引起共振效應，這部份硬體的需求，在本篇裡，會有進一部的探討，讓你能永保安康。

　　在九二一大地震中，造成大量房屋建築物的破壞，專家學者檢討其原因，可歸納成下列六項因素：

　　1.因斷層直接通過建築或結構物底下，導致建築結構倒塌損壞。

　　2.部分震區實際地震力已超過建築設計值。

　　3.建築結構系統不良。

　　4.監造制度未能落實。

　　5.施工品質未能確實要求。

　　6.任意變更或改變原先已完成的建物架構。

　　在第一項因素：因斷層直接通過建築或結構物底下，導致建築結構倒塌損壞。九二一大地震伴隨著車籠埔斷層的錯動，地表破裂範圍南由南投桶頭經豐原石岡至卓蘭，產生水平及垂直方向數公尺不等的錯動，導致斷層帶上的許多建築結構物嚴重毀損。因建築耐震設計規範的條文並不適用於斷層帶上之建築，所以此因素之破壞可歸於非人為因素。

圖 2.1　因斷層直接通過建築或結構物底下，導致建築結構倒塌損壞

　　在第二項因素：部分震區實際地震力已超過建築設計值（例如原劃分為中震區（71 年版）或地震二區（86 年版）的地區）。台灣地區不同年代的震區劃分圖請參見後方專欄。依建築技術規則設計地震力，南投地區在民國 63 年劃分為中度地震區，71 年為中震區，兩者所得的建物崩塌地表加速度約為 0.17g，86 年為地震二區，值為 0.23g，而九二一大地震中，氣象局名間測站的最大地表加速度已達 1.01g，測站所記錄的值遠超過各年代的建築物設計地震力。而且依據建築物損壞調查結果，民國 71 年以前建造者佔總數之 60%，早期以土角厝、木造、磚造等老舊建築為主，因缺少耐震能力而毀損。另低層 RC 建築因韌性較差，高度低且其結構振動主頻較高（週期較小），因此無法承受此次的地震力而倒塌。

　　在第三項因素：建築結構系統不良。一棟抗震性強的建築物結

構系統要有足夠的強度、勁度、韌度和靜不定度，來分別去抵抗外力、減小變位、減低受力和維持整體結構系統的穩定性。如果結構系統設計不好，包括有短梁、短柱、細長柱、軟弱層、立面與平面不規則、系統偏心（結構配置不對稱）的狀況存在，則容易在大地震時受損壞。

在第四項因素：監造制度未能落實。監督營造業者的監造未能落實，未能確實要求按圖施工、查核建材的規格及品質，影響建物的結構安全。在第五項因素：施工品質未能確實要求。施工時對材料品質及施作方式未能確實要求，如配筋數量、箍筋間距、彎鉤角度、搭接長度與位置、砂石比例、混凝土用量等，降低了建物的抗震能力。在第六項因素：任意變更或改變原先已完成之建物架構。建築物完工後，住戶只求空間的寬敞，並未考量結構的安全，任意打掉剪力牆或樑柱，來增加空間的使用，此舉大大降低了房屋原有的抗震能力，而易於大地震時崩塌。

綜合上述六項因素中，第一、二項非人為故意因素，此部分留在第三篇第一章，台灣的地震環境特性裡，作者再做更詳細的說明。但第三至六項中，人為的因素佔了建築結構倒塌損毀的主要原因。更說明了建築結構耐震設計的要求、建造時施工品質及監工落實的重要性，簡言之，對建築物居住場所的安全能否永保安康，有四個環節需要把關：第一個環節是政府部門負責制訂的建築法與建築技術規則等相關耐震設計規範，此部分細節請參見專欄二，會有較詳盡的說明。第二個環節是專業技師的職責與管理制度，第三個環節是施工營建廠商對建築材料、工法的選擇與管理制度的落實，以及第四個環節是使用著對建築物內部結構、隔間增改建的程度與維護管理。上述第三、四個環結是一般住戶可以自己來做的，尤其是五樓以下的透天住宅並不需要專業技師之結構設計分

析，而且住戶大都會去巡視自己建屋的過程，因此自己便要具備這些應有的常識。而且這些常識不需要太專業的訓練，大部分由目視即可達到自我把關的目的。以下我們就分別來汲取這些保命的重要常識。

2.1　建物耐震的要求－良好結構系統的平面立面原則

2.1.1　耐震設計的目標及基本原則

　　一般民眾不是專家，沒有建築結構的專業知識，無法得知自己的房屋建物安不安全，因此，需要靠政府把關，制訂一規範來要求建商遵循，以保障民眾的生命財產安全，此建築技術規則於民國 34 年 2 月 26 日由內政部訂定發布。至今經歷 28 次的修訂。其中有關建築物耐震設計之依據，主要在構造篇中律定。依內政部民國 96 年 12 月 18 日修正之建築技術規則建築構造編第一章基本規則第五節耐震設計第四十二條規定「建築物構造之耐震設計：一、耐震設計之基本原則，是使建築物結構體在中小度地震時保持在彈性限度內，設計地震時得容許產生塑性變形，其韌性需求不得超過容許韌性容量，最大考量地震時使用之韌性可以達其韌性容量。」

　　上述條文所謂耐震設計的設計地震是以回歸期 475 年的地震水準為標的，相當於一般建築物 50 年使用期限內，具有 10% 超越機率會發生的地震。所謂最大考量地震為 50 年使用期限內，具有 2% 超越機率之地震，其回歸期為 2500 年。簡單的說，**耐震設計的目標就是建築物在經歷小地震時沒事、中地震可輕微損壞，大地震不會倒。**

耐震設計的基本原則除了安全外，另一項原則就是要合乎經濟，如果要設計一棟建築物在七級劇震情況下完全毫髮無傷，則所花費的費用可能遠高於原來設計之費用，讓一般民眾無法負擔，因此在合乎回歸期 475 年原則考量下，著手耐震設計之建築結構規劃、設計、施工與使用，允許建築物在經歷大地震時結構可損壞，但要力求結構在此強震下不得倒塌，才能有效地將傷亡人數以及財產損失降至最低，來確保民眾的生命財產安全。在專欄二之「經濟又安全的耐震設計規範」中，筆者會進一步的以實例說明。

2.1.2 建築結構設計基本原則－良好耐震建築的選購

建築物結構依其受力行為及功能區分可分為結構與非結構單元，結構單元主要為柱、樑、剪力牆、承重牆等；非結構單元則屬空間區隔、裝飾及其他功能之構件，如樓版、樓梯、隔間 RC（鋼筋混凝土）牆、磚牆等。九二一大地震所造成的房屋建物破壞，依其破壞模式可分為柱破壞、樑破壞、牆破壞、地基破壞、頂樓破壞及房屋相撞等六種。其中的房屋相撞是因地震時建築物的振動震幅與方向不一致，造成相鄰建築物互撞而損壞。

由上建築物的破壞型式及結構功能可知，要**永保安康**，應住在具有**良好耐震能力結構的房子**，一般民眾可由下列一些基本原則來**判斷及選購**，包括：

1. 房子所在地應盡量遠離地震斷層及避免座落在土壤液化區域有關台灣的地震斷層分佈及土壤液化區域分別在 3.1.3 及 2.3 單元會有詳細說明。

2. 建築結構力求簡單、對稱配置；外觀形式則要規則、均勻連續及適當比例（如圖 2.2）
   建築結構的配置要簡單、對稱，較能掌握其動力行為。建築

物外觀形式要規則，在垂直方向與外形應均勻連續及適當比
例，應儘量避免突然之樓層變化，如樓層退縮、出挑或成倒
梯形，房子高寬比如過大則會因地震而容易產生過大的側向
力量，造成建築物翻覆。

圖 2.2　建築結構力求簡單、對稱配置；外觀形式則要規則、均勻連續及適當
　　　　比例

3. 避免軟弱層的建築
   建築物在垂直方向上的各樓層高度如差距過大，則會因剛度
   和強度的分佈產生劇烈的變化而形成軟弱層的建築。
4. 結構材料的適當與施工品質的確保
   房子的結構材料要適當，須具備足夠的強度與延續性，同時
   要確保施工品質，此部份在 2.2 單元會有詳細說明。
5. 樑、柱、牆體、管線配置要適當
   柱的剖面應稍微大於樑，形成強柱弱樑，以支撐樓版。樑柱
   的中心線應一致，若不一致容易產生額外的應力。在同一樓
   層內，柱構材的配置如長短差異過大時，應盡量調整至長度
   相當，以減少受力不均造成的剪力破壞。牆體在平面配置上
   應力求對稱且均勻分佈，長方向及短方向壁量不可過於懸

殊。牆體在立面配置應儘量上下連續，且上、下牆體的中心
應力求一致。良好的建築物管線配置，應與建築結構分開或
設置管道間。

6.如財力允許，可增設隔、減震設備

多一道抗震設備有助於提高結構耐震能力與可靠度。裝設消
能機制有助於消散地震傳入結構系統之能量，保護結構主體
的安全，此部份在 2.1.5 單元會有進一步的說明。

2.1.3 建築結構系統不良－大樓倒塌主因之一

一棟好的建築結構系統需具備足夠的勁度以減小變形及位移，
足夠的強度以抵抗外力，足夠的韌度以消散地震能量並減少受
力，以及足夠的靜不定度（或稱為贅餘度）以保障結構不會因局部
的損壞瞬間危及整體系統穩定而倒塌，這些要素必須在建築設計階
段時便充分考量，因為惟有在穩定條件下，結構各承力構件才能
完全發揮它的勁度、強度、韌度以及預期的力量重新分配功能。
九二一地震倒塌的大樓中，他們的結構系統大都是屬於不良的配
置，尤其是平面的不規則及立面的不規則，是導致建物遭受地震破
壞的主因之一。方正而規則的建築物在地震中的行為較易掌握，地
震力作用於建築物構造元件的分布也較均勻，因此應力不會集中於
局部而產生破壞。相反的，造型奇特而不規則的建築結構在地震中
較容易導致應力集中的現象，所以其結構分析的難度就會高於規則
結構，設計者不容易準確的模擬他們的動態行為，因此無法充分掌
握不規則結構的安全性。

結構立面或平面不規則，導致地震力傳遞不順暢，應力集中於
不規則處而造成破壞。當結構呈現不規則時其質量中心與剛度中心
的位置並不相同，當地震力作用在質量中心，會對結構產生扭轉耦

合效應，外圍結構元件如角柱會受力增加而破壞。結構系統屬於不
良配置的幾種型態說明如下：

　1.平面不規則

　　若結構平面成 L 字型、T 字型、十字型或 U 字型等具凹角之
　　平面，於凹角處容易引起應力集中而產生破壞，屬於平面不
　　規則，如圖 2.3。此外，樓版不連續，或樓版開口過大，也
　　會造成平面不規則。

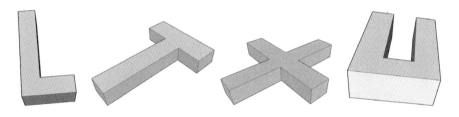

圖 2.3　成 L 字型、T 字型、十字型或 U 字型等具凹角之平面，於凹角處容
　　　　易引起應力集中而產生破壞，屬於結構平面不規則。

　2.立面不規則

　　建築結構垂直向之結構元件應保持其連貫性，若同一柱線的
　　柱子或同一牆面的牆壁在樓層間不在相對位置，錯位過大，
　　造成立面不規則，則地震力的傳遞路徑於錯位處會突然變
　　化，不利於地震力之承擔。如圖 2.4。

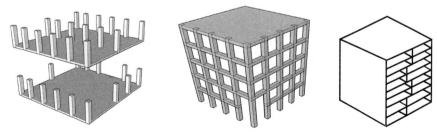

圖 2.4　建築結構垂直向之結構元件不連貫，造成立面不規則。

　　有一種建築是一樓挑高、開放性空間或作為商業用途，柱量及隔間牆的壁量大大減少，而沒有上面其他樓層的壁量多，造成一樓的軟弱層，此開放形式的軟弱層設計就是屬於立面不規則。此外，同一棟大樓剛度急劇變化的位置也是耐震弱點，容易發生柱子的嚴重破壞，如圖 2.5 所示。由於民國 80 年間，建築界模仿新加坡建築，極力鼓吹開放空間結構的優點，造成此類建築普遍存在全省各地，然而臺灣不像新加坡，而是位於地震帶上，加上設計者對於此類具開放空間建築的耐震觀念並不了解，因此設計或施工上並無特別要求加強一樓的耐震能力，九二一地震後發現許多此類型高層建築物損壞、傾斜甚至倒塌，造成居民生命財產損失。

圖2.5　一樓挑高柱量大大減少，造成一樓的軟弱層；大樓剛度急劇變化的位置是耐震弱點，容易發生柱子的嚴重破壞。

3.其他不規則
　　其他結構不規則還包括柱、樑、樓版、牆、構件、載重、系統等之不規則。如圖 2.6。

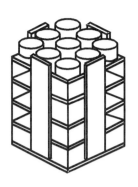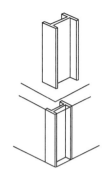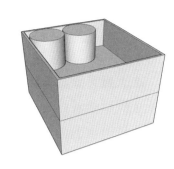

圖 2.6　質量與剛度劇烈變化、構材大小劇烈變化、重量分配不均勻

2.1.4　建築結構實例

　　平面及立面規則的結構系統具有較好的耐震能力，主要是因為設計者能較準確掌握其受震後的動態行為，良好結構系統要考量幾何形狀規則（如圖 2.7），各樓層重量，柱及剪力牆等抵抗橫力系統的配置位置及上下層的連續性，同時也要注意抗力構件與非結構構件的互制作用以及建物基礎土層特性，避免因建物所在的基礎產生差異沈陷而導致上部結構的破壞。

圖 2.7　良好與不良立面形狀的建築外觀

此外，還要注意建築構件設計是否不良，有無下列現象：

1. 柱斷面過小導致鋼筋排列過密，鋼筋與混凝土的握裹力無法發揮而降低抗震能力。
2. 大量管線設置於結構柱中，減小有效混凝土的橫斷面面積。
3. 採用懸臂式走廊的設計但並未特別考量其產生的影響。
4. 柱子量過少、柱子間距過大。
5. 非結構牆的設計觀念不確實。

在建築物中的結構構件，以承受建築物重力載重的柱子最為重要，在各樓層的柱子中，又以位於底層的柱子最為重要。其他構件如樑，樓版及牆壁即使受到損傷，其影響程度僅限於局部性，不致於造成整個樓層的塌陷，但是，柱子必須負擔所在樓層以上各樓層累積下來的載重，同時也要承受軸向壓力、側向彎距及剪力，主要以軸向壓力為主，當部分柱子受損時，大樓的載重會重新分配，其他尚未受損的柱子會承受更多的載重，更容易受損，在此連鎖反應下，柱子受損區域會持續擴大，如果柱量數量太少，柱子間距過大，樓層便很容易倒塌。

有些結構設計者過分依賴電腦，設計過於大膽，在九二一地震中崩塌之大樓，某些採用「單跨」或「雙跨」設計，柱量少，此種設計的靜不定度低，如果任何一根柱子產生破壞，尤其是角柱，則很容易會造成整棟建物垂直向的不穩定而瞬間倒塌損壞，例如位於台中縣大里市金巴黎社區的大樓倒塌，如圖 2.8。

圖 2.8　台中縣大里市金巴黎社區整棟建物因垂直向不穩定而瞬間倒塌損壞。
　　　　（吳子修提供）

2.1.5　防震設計裝置

　　多一道抗震設備有助於提高結構耐震能力與可靠度。裝設消能機制有助於消散地震傳入結構系統之能量，保護結構主體的安全。現代結構防震設計已不再固守傳統經濟導向的原則，而是朝向功能設計的目標，著重於結構在強震下仍可維持其功能的完整性。近年來，各類創新的結構防震裝置也相繼地開發。目前的結構防震技術包括被動式的基礎隔震、消能減震及主動式的控制系統等，其中基礎隔震或消能減震系統因不用額外提供驅動力，設計簡單、反應行為容易掌握且可靠，而且技術成熟，已廣泛應用在建築結構上，如圖 2.9。

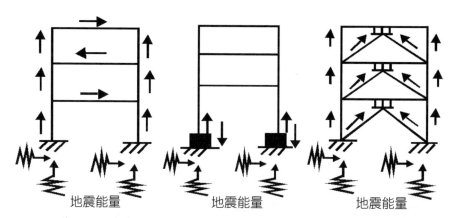

圖2.9 裝設隔、減震設備之示意圖；圖左為傳統之耐震設計，圖中為裝有隔
　　　震器之基礎隔震系統，圖右為裝有消能器之消能減震系統。

以下我們介紹幾種防震設計裝置：

1.隔震裝置

　　隔震裝置有兩種型式：橡膠式隔震及滑動式隔震。其中橡膠
　式隔震的原理是直接在建築物底部與基礎結構之間設置含鉛
　心多層橡膠墊，使整個建築物坐落在橡膠墊上，地震來時建
　築物的震動週期可與地震週期錯開，防止共振現象，橡膠墊
　隔絕了地面運動對建築物上部的直接作用，保護上部結構不
　受地震力的破壞。如圖 2.10。

　　另一種滑動式隔震，其原理是在建築物的底面設置鋼珠、鋼
　球、石墨、砂粒等材質的滑動層或滾動層，在地震時，建築
　物可藉由滑動位移產生的摩擦過程，消耗地震傳來的能量。

圖 2.10　一醫院基礎使用橡膠式隔震裝置的展示

2.減震裝置

　減震的目的在地震作用力較小時可減低結構物的側向加速度
或位移，降低使用者的不適。在地震作用力較大時能減低結
構物變形及減少輸入主要構件如柱與大樑的地震能量，以減
少構件的變形或損壞。減震方式是藉由提高整體結構之等效
阻尼比以降低結構的受震反應。如圖 2.11 所示。

3.制震裝置

　藉由附加在大樓建築的質塊-彈簧阻尼系統與主結構兩者間
的振動週期相互接近產生共振，使主體結構振動的部分能量
轉移至附加裝置上，進而達到降低主體結構受震反應。制震
裝置主要配置在大樓結構的較高樓層處，如圖 2.12 所示。

圖 2.11　減震結構–消能裝置示意圖

圖 2.12　制震系統示意圖

制震裝置有兩種型式：被動調諧質量阻尼器（Passive Tuned Mass Damper, TMD）與主動調諧質量阻尼器（Active Tuned Mass Damper, AMD）。其中被動調諧質量阻尼器是利用動力學理論將結構振動的一部分能量轉化至調諧質量阻尼器上以達減震的目的。最有名的應用實例就是安裝於台北 101 金融大樓的制震系統，如圖 2.13 所示。

圖 2.13　台北 101 金融大樓制震系統應用實例展示

另一種主動調諧質量阻尼器是由質塊、控制系統、感應器與動力驅動系統所組成，此系統須額外提供能量來驅動控制裝置，藉由感應器量測得結構受震之反應傳回控制中心計算控制力的大小。

2.2 結構安全的落實－施工管理與使用管理

建築結構是否安全，關係著我們在室內就地躲蔽能否避免傷亡而有所保障，上一節我們已經說明了房屋要符合建物耐震設計的要求；接下來，本節我們要繼續來說明如何要求房子建造時施工及監工的落實，以及避免偷工減料？使用方面有無過當使用，違章建築使用及擅自變更隔間等。

2.2.1 施工管理－監造制度要落實，施工品質要把關，不偷工不減料

簡單的說，施工管理就是要營建者不偷工不減料。通常施工管理不當包括 (1) 選用材料不當：例如骨材、模版等材料選用不當。(2) 組合施作不當：箍筋彎角不足、箍筋間距不足、同一段面搭接、混凝土拌合不當、混凝土未搗實、澆置前未清理等。(3) 剛澆置完成的混凝土結構物，如在 7 天內，遭遇地震，則混凝土強度尚未發展完全，鋼筋與混凝土間的握裹行為，可能會因地震力的作用而受損或拉脫，造成結構體或構件的傾斜、變形及破壞。

在九二一大地震中，造成大量房屋建築物破壞的六項因素中，因施工管理不當的結果就佔了兩大主因，即監造制度未能落實以及施工品質未能確實要求。監督營造業者的監造制度未能落實，沒有確實要求按圖施工以及查核建材規格和品質，影響建築物的結構安全（如圖 2.14）。此外，施工時對材料品質及施作方式未能確實要求，如配筋數量、箍筋間距、彎鉤角度、搭接長度與位置、砂石比例、混凝土用量等，降低了建築物的抗震能力。

上述施工時對材料品質及施作方式的確實要求是一般住戶可以

自己來做的，尤其是五樓以下的透天住宅並不需要專業技師之結構
設計分析，而且民眾大都會去巡視自己建屋的過程，因此自己便要
具備這些應有的常識。而且這些常識不需要太專業的訓練，大部分
由目視即可達到自我把關的目的。

圖 2.14　因施工品質欠缺落實所衍生之破壞，導致建築結構倒塌損毀。
　　　　（俞錚皞提供）

　　一般民眾雖不是專家，但也要瞭解下列這些初淺和基本的建築
要點，以確實要求施工時的施作方式及材料品質合乎建築規範。

1. 柱端緊密箍筋區的箍筋間距大約 10cm，大概是一個緊握的
　拳頭高度，柱中央區的箍筋間距約 15cm。在破壞現場所看
　到的是主鋼筋排設量不足，搭接長度不夠，搭接位置不當，
　搭接處未錯開排列。箍筋間距太大，大多介於 20 至 35cm，
　甚至高達 40 至 100cm（如圖 2.15），造成圍束力與抗剪力
　不夠。此外，箍筋及繫筋的彎鉤角度須有 135°，以確保有

效發揮圍束主筋及混凝土的功能（如圖 2.16）。

圖 2.15　組合施作不當：圖左的箍筋間距不足。

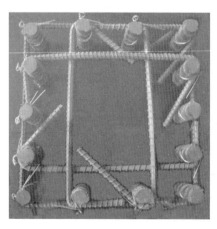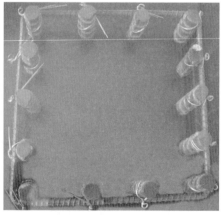

圖 2.16　組合施作不當：右圖的箍筋彎角不足。

2.混凝土配比設計不當，未依圖施工，混凝土澆置時施工不當，造成強度不足。

3.柱中埋管過多，甚至充填其他物品（如木板、保麗龍等），有效斷面積減小，柱的鋼筋混凝土保護層不夠，降低了承載力。

　　至於震害造成建築物崩塌原因很多，歸納分類整理如專欄二之「建築物地震破壞毀損的型式及原因」。

2.2.2　使用管理－不任意變更設計

　　在九二一大地震中，造成大量房屋建築物破壞的六項因素中，因人為修改即任意變更或改變原先已完成之建物架構，此使用管理不當的結果也佔了一項主因。使用管理不當包括：

1.任意修改結構：建築物完工後，住戶只求空間的寬敞，並未考量結構的安全，任意打掉剪力牆或樑柱，擅自變更隔間來增加空間的使用，此舉大大降低了房屋原有的抗震能力，而易於大地震時崩塌。

2.為增設地下室停車位或方便通行，任意敲除必要的剪力牆。

3.違章建築使用：房屋若是頂層加蓋或是樓層面積突然退縮、各層配重不當、各層荷重超載，致使剛性改變，地震時容易造成損壞傾倒（如圖 2.17）。此外，頂樓加蓋或設置大型廣告會增加結構的負荷，頭重腳輕，地震時也會造成底層柱子的受力增加，使整體結構更容易損壞。

4.非結構物的擺設裝置不當：設備、家俱擺設不當、櫥櫃未予固定、懸掛物懸吊方式不當、廣告物不牢固、屋突物未固定、花台架鬆脫。

圖 2.17　房屋頂層加蓋，增加結構的負荷，頭重腳輕，地震時容易造成損壞傾倒。（俞錚皞提供）

2.3　建築地基的殺手－土壤液化的發生

　　建築地基的直接破壞除了因斷層直接通過建築或結構物底下，導致建築結構倒塌損壞外。另一項原因就是土壤液化的發生也會直接讓地層上的建築或結構物下陷傾倒。強震時導致土壤液化的災害，在世界許多地方都曾經發生過。土壤液化災害影響的範圍廣大，1995 年日本神戶地震，液化災區範圍廣闊，損失慘重。台灣九二一大地震，中部地區的許多地方也發生了土壤液化，造成台中港沈箱碼頭外移、堤防龜裂，房屋沈陷、傾斜和破壞（圖2.18）。

　　那到底什麼是土壤液化，哪些地方會發生土壤液化，位於土壤液化區該怎麼辦？以下我們就來了解。

圖 2.18　九二一地震發生土壤液化使房屋下陷。（俞錚皞提供）

2.3.1　什麼是土壤液化

　　當地下水位偏高成份為砂質土壤的地層，在大地震發生時，由於搖動的力量破壞了土壤內原來的平衡，強烈的地面振動會使地層內部的孔隙水上升，砂土變成了泥水的狀態，地層產生液化，這時候砂土的承載力減弱，使得地面塌陷，並使上方的建築結構物失去支撐而發生下沈、傾斜或倒塌，造成損失，這就是土壤液化。如圖2.19 所示。

　　影響土壤液化發生的因素有三項：

　　1.地層土壤因素：土壤顆粒大小、緊密度、細料含量等。液化地區的土壤屬於細砂及粉土，顆粒均勻，細料含量相當高。

　　2.環境因素：地層的地質及水文特性，如土層形成的方式及地

下水位深度等。

3.地震因素：地震的規模大小，位址的震度強弱，地震波的主
　頻率內涵與地層振動主頻率的相關性等。

　簡單的說，發生土壤液化的三個條件是地層屬於地下水位高的
砂質土壤，遇到大的地震（通常規模在 6 以上），而且搖的過久
就容易發生土壤液化。上述土質疏鬆而又含水飽和的地表土層，
不但易於發生土壤液化的現象，並且還可能會有地振動的放大效
應。

圖 2.19　左圖：在平常的狀態下，由於砂顆粒間的作用力，使得砂層能承擔
　　　　　來自上方地面的壓力。右圖：地震發生時，由於搖動的力量破壞
　　　　　了土壤原來的平衡，砂土變成了泥水的狀態，這就是土壤液化的現
　　　　　象。這時候，砂土的承載力減弱，使得地面塌陷、建築物傾倒。

　　土壤液化後，土壤的強度幾近喪失，土地變成具有流動性的物
質，造成噴砂、地裂、地面下陷、並導致蓋在土壤上的結構物因地
基不穩發生不均勻下陷，進而造成建物傾斜及倒塌、維生管線破
裂、道路及橋樑橋墩的破壞。噴砂在工程上似乎不是很重要，卻是
土層產生高孔隙水壓的一個危險指標。伴隨噴砂所產生的地表沉陷
會對結構物造成嚴重影響。

2.3.2　哪些地方會發生土壤液化

地震發生後，容易發生土壤液化的地點通常出現在震央距離數十公里範圍內的下列區域：

　1.河灘地或海灘地。

　2.離河岸不遠的砂質沖積層區域。

　3.砂質土壤的舊河道堆積地

　4.湖邊或水邊的回填土新生地。

由於九二一地震規模大、深度淺、震動時間長外，震度又強，因而導致台灣多處地點發生液化噴砂等災情。例如在台中地區的震度達六級，所量測到的最大地表加速度高達 438 gal；在南投縣日月潭測站及名間測站的值更高達 989 gal 及 983 gal。因此九二一地震在許多地方造成前所未有的大規模土壤液化現象及因液化而導致的嚴重災情。如房屋受損，橋墩位移傾倒，堤防、擋土牆及水邊結構的崩塌與傾覆以及道路與農田的開裂與塌陷。總計發生土壤液化的地區有苗栗縣的通宵、苗栗市；台中縣的台中港、烏日、太平、大里、霧峰；南投縣的草屯、名間、南投市、中寮、集集、埔里、鹿谷；彰化縣的彰濱工業區、伸港、大村、員林、社頭；雲林縣的麥寮、斗南、斗六、古坑；嘉義縣水上八掌溪畔等。

2.3.3　位於土壤液化區怎麼辦？

土壤液化在許多地震中引起不少災害，因此政府、民間及學術研究單位要共同合作努力來降低其產生的災害。政府在土壤液化方面的防治所訂定的相關法規說明如下：依據建築技術規則建築構造編第一章基本規則第五節耐震設計第 48-1 條：「建築基地應評估發生地震時，土壤產生液化之可能性，對中小度地震會發生土壤液

化之基地，應進行土質改良等措施，使土壤液化不致產生。對設計地震及最大考量地震下會發生土壤液化之基地，應設置適當基礎，並以折減後之土壤參數檢核建築物液化後之安全性。」

此外，第二章基礎構造第 56-1 條：「建築物基礎構造之地基調查、基礎設計及施工，應依本章規定辦理」。第 57 條：「建築物基礎應能安全支持建築物；在各種載重作用下，基礎本身及鄰接建築物應不致發生構造損壞或影響其使用功能。……同一建築物由不同型式之基礎所支承時，應檢討不同基礎型式之相容性」。

地基調查要求方面在第 64 條：「建築基地應依據建築物之規劃及設計辦理地基調查，並提出調查報告，以取得與建築物基礎設計及施工相關之資料。地基調查方式包括資料蒐集、現地踏勘或地下探勘等方法。其地下探勘方法包含鑽孔、圓錐貫入孔、探查坑及基礎構造設計規範中所規定之方法。

五層以上或供公眾使用建築物之地基調查，應進行地下探勘。

四層以下非供公眾使用建築物之基地，且基礎開挖深度為五公尺以內者，得引用鄰地既有可靠之地下探勘資料設計基礎。無可靠地下探勘資料可資引用之基地仍應依第一項規定進行調查。但建築面積六百平方公尺以上者，應進行地下探勘。……

建築基地有左列情形之一者，應分別增加調查內容：

一、五層以上建築物或供公眾使用之建築物位於砂土層有土壤液化之虞者，應辦理基地地層之液化潛能分析。……」。

地層改良方面在第 130-1 條：「基地地層有改良之必要者，應依本規則有關規定辦理。地層改良為對原地層進行補強或改善，改良後之基礎設計，應依本規則有關規定辦理。地層改良之設計，應考量基地地層之條件及改良土體之力學機制，並參考類似案例進行設計，必要時應先進行模擬施工，以驗證其可靠性。」

　　政府除了上述法規律定外，還可委由學術研究單位對強震作用下有可能發生土壤液化的地區，進行廣泛鑽探資料的蒐集、建檔，以及地形與地質資料來進行工程地質分區，並評估液化潛能，建立液化潛能分區，預估日後強震後發生災害之位置和發生機率的研究，此研究成果將有助於建物重建與新建之設計和施工的參考，提供有關液化分析與其他研究之基本資料系統，以及作為將來防災和救災規劃之依據。

　　至於一般**民間防止土壤液化發生，所採用的方法有下列四種**：

1. 地下室法：將地基中容易造成土壤液化的砂質地層挖掉，設計為一層或兩層的地下室來使用。如此沒有容易液化的砂質地層，當然可以避免土壤液化的發生。

2. 灌漿穩定法：將混凝土注入鬆散的砂質地層中，混凝土會將砂固結起來，強化地層，原本鬆散易發生液化的砂質地層變的堅實，可以減少土壤液化的發生。

3. 動力夯實法：利用機械手臂吊起重錘，直接以自由落體的方式捶打地面。將地層壓得較密實，此法一般適用於工廠室外的園區，設有重要機房設備的就採用下面的打樁法。

4. 打樁法：從地面直接打樁到很深的岩盤上，穿過較鬆散的砂質地層，直到較堅固的岩層上，房屋就建在樁上。即使砂質地層發生液化現象，但房屋還是建著在堅固岩層為基礎的樁上，因此不會造成下陷及傾倒了。

2.4　建築結構的破壞－共振效應的發生

　　地震災害最直接的原因是地盤振動，地上建築物因無法承受劇烈振動而損壞或倒塌，屋內人員因無法及時逃出而造成重大的人員傷亡。為什麼地震時有些特定樓高的建築物會受不了強烈振動而倒

塌，造成如此重大傷亡。一個著名的例子是 1985 年墨西哥地震，墨西哥市有 8,000 人死亡，有不少樓高在十至二十層樓的現代建築物遭受嚴重破壞，專家探究其原因乃是因為墨西哥市原為一湖床盆地，地質鬆軟，那些樓房的振動週期與軟弱地盤的振動週期相當，地震時產生共振效應，振動加大而遭破壞。

1986 年花蓮地震，震央在花蓮，但嚴重的震災卻是在台北，尤其是樓高十五至二十層的大樓受損最普遍，主要是台北盆地本身地層的顯著週期是 1.6 秒，受損大樓的基本振動週期亦約為 1.6 秒，兩者甚為接近，發生共振作用所致。回顧台灣的九二一地震，不少樓高在十層至十六層的大樓建築倒塌而造成死傷慘重，例如台北市十二層的東星大樓，台中縣大里十二層的大樓台中王朝及台中奇蹟等（如表 2.1）。

表 2.1　九二一地震損毀的高層建築物

地　　點	大樓名稱	樓層數
台北市	東星大樓	12
台北縣	新莊博士的家	12
	新莊龍閣大廈	11
台中市	德昌新世界	15
	北屯綠色大地	12
台中縣	大里台中王朝	12
	大里台中奇蹟	12
	大里金陵世家	12
	大里金巴黎	12
	太平新平生活公園	15
	太平元寶天廈	12
	豐原向陽永照	12
	東勢王朝	14
	霧峰中正廣場大樓	12
彰化員林	富貴名門	16
南投	上毅世家	12
	巨匠皇宮	14
雲林斗六	中山國寶第二期	12
	觀邸大樓	16
	中山國宅	12
	漢記大樓	9

　　由內政部建築研究所九二一大地震的勘災報告顯示，在車龍埔斷層兩側的六公里範圍內一至三層的建築物受損情況嚴重，約佔所有損壞建築物的 85%。由氣象局測站的加速度紀錄，經頻譜分析後顯示地震的主要振動週期為 0.2 至 0.4 秒間與上述受損建築物的顯著週期相當。此外，高層建築在十二樓以上的建物也有兩百餘棟損害。可見建築物損壞的樓層高度與地震波的能量分布週期有密切的關聯性，即所謂的共振效應，到底什麼是共振效應，有關建築

物共振效應的實例分析以及共振效應如何防治，這些是本篇的重點。至於九二一地震建築物的破壞型式及原因在 3.3 及 3.4 中會有進一步的說明。

2.4.1　什麼是共振效應

　　一底端固定有長度的物體受到外力而擺動時會有一振動週期，通常長度愈長的物體振動週期也就愈長（來回完整擺動一次所花的時間稱為週期，週期的倒數就是頻率）。相同的道理，樓層愈高的大樓振動的週期就愈長，通常，建築物的震動週期 T 有個簡單的換算公式，也就是 T = 0.1*N（秒）；（N 為樓層數），例如，五層樓建築物的震動週期是 0.1*5 = 0.5 秒，十層樓建築物的震動週期是 0.1*10 = 1.0 秒。

　　建築物下方的地層具有濾波作用，也可量測到它的顯著振動週期。地震發生時能量以地震波的型式向四面八方傳遞，當波傳經地層後的地震波紀錄經過頻譜分析後可得到能量集中在哪些週期，如與建築物的基本振動週期相吻合，便會因共振現象造成很大的振動幅度。這就是**共振效應**。地震時地表震動，房屋會跟著上下震動以及左右前後擺動，擺動幅度的大小視地震的強度、震波的性質與房屋本身的振動週期而定。如果有共振效應會造成很大的振動幅度。往往大樓高層的加速度，會比地面上的加速度大 3 至 5 倍之多，致使建築物本身無法承受，造成倒塌毀壞。

　　此次九二一地震中，倒塌的大樓除斷層帶附近為低矮的房子外，受損較嚴重的建築物以十二層樓高左右的最明顯，其基本震動週期約 1 秒，對照由測站強震紀錄所得此次地震能量主要集中的顯著週期多為 1 秒左右，因地震能量主要集中的顯著週期與建築

本身的基本震動週期極為相近，因而產生共振效應而受損嚴重。

2.4.2　建築物共振效應實例分析

　　氣象局所發布的地震報告中，各地區的震度是以地面所量測到的加速度值換算所得，但往往人所在的位置是在大樓高層上，那麼人體所感受到以及建築物所擺動的程度會遠大於地面的振動。根據筆者分析 1999 年九二一大地震建築物的強震紀錄，顯示大樓的樓高加速度放大係數皆隨著樓高及樓層數增加而增加。結果所得建築物頂樓樓高放大倍率，在水平方向的平均值為 3.12 倍；垂直方向的平均值則為 1.68 倍。另外，值得注意的是，一棟樓高十二層的建築物（代號：建乙）在週期 1 秒左右有明顯的共振現象，而造成頂樓之短向與長向的加速度放大倍數則高達 7.31 與 5.81 倍。

　　為了解共振效應的放大特性，我們比較兩棟緊鄰建築物的頂樓加速度放大倍數，分別是二十七層樓高的建築物（代號：建甲）及樓層數為十二層的建築物（代號：建乙）。圖 2.20 是九二一地震兩棟建築物共用一套記錄系統的強震紀錄，建甲強震紀錄包括（波道編號 CH01～CH18），建乙強震紀錄包括（波道編號 CH19～CH26），由圖中顯示在建乙波道編號 CH24 及 CH25 的強震紀錄有明顯的共振效應。樓層數較低為十二層的建築物「建乙」，其短向與長向的加速度放大倍數高達 7.31 與 5.81 倍。但緊臨該建築物的另一棟二十七層樓高的建築物建甲，其短向與長向的加速度放大倍數則為 3.64 與 3.91 倍。由此可見，除樓層高度增加會使加速度放大外，還有其它因素影響著放大效應？這因素就是共振效應。

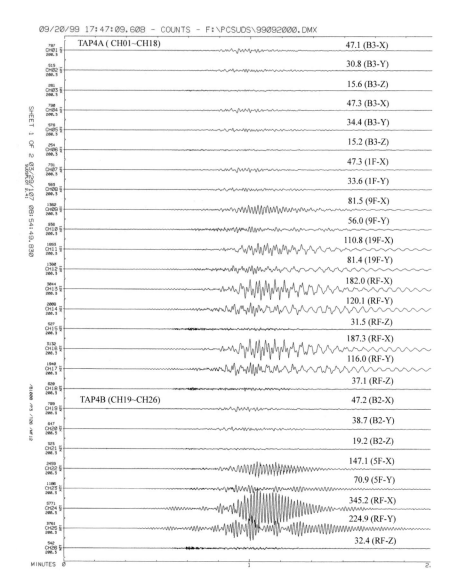

圖 2.20 建甲（波道編號 CH01～CH18）及建乙（波道編號 CH19～CH26）的
九二一強震紀錄，顯示在波道編號 CH24 及 CH25 的強震紀錄有明顯
的共振效應。

　　接下來，我們將證明樓層數較低的十二層建築物建乙，其加速度放大倍數會比樓層數較高的二十七層建築物建甲要來的大，其因素是共振效應。由建築物「建甲」及「建乙」，分別位於頂樓（二十七樓及十二樓）及底層（B3F 及 B2F）所量測到水平向加速度紀錄進行頻譜分析。結果如圖 2.21，上圖是建甲的頻譜，左圖為東西向分量，右圖為南北向分量，圖中上方較細曲線為頂層（27F）加速度頻譜，在東西及南北分量的頻率 0.3～0.4Hz 及 1Hz 左右各有一個峰值，下方較粗曲線為底層（B3F）加速度頻譜。下圖是建乙的頻譜，左圖為東西向分量，右圖為南北向分量，圖中上方較細曲線為頂層（12F）加速度頻譜，在東西及南北分量的頻率 1Hz 左右有一個峰值，下方較粗曲線為底層（B2F）加速度頻譜。

　　由圖 2.21 頂樓及底層的水平向加速度頻譜的比較，由峰值可看出建甲及建乙的基本振動頻率位置，由轉換函數方法再進一步識別出兩建築物的基本振動頻率，得到建甲東西向及南北向的基本振動頻率分別為 0.36Hz 及 0.38Hz；建乙東西向及南北向的基本振動頻率分別為 1.02Hz 及 1.08Hz。接下來，檢視附近地表測站的頻率內涵，得到東西向及南北向兩者加速度頻譜的峰值頻率也在 1Hz 附近，即其顯著週期為 1 秒左右。由上述的分析，說明加速度放大係數會隨著樓高及樓層數增加而增加外，建築物建乙在週期 1 秒左右有明顯的共振現象，而造成頂樓短向與長向的加速度放大倍數高達 7.31 與 5.81 倍。

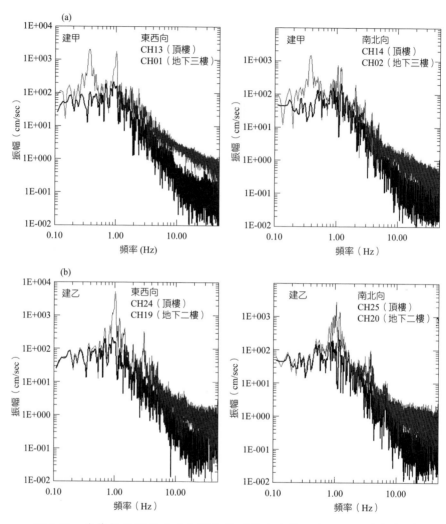

圖 2.21 建築物建甲及建乙分別位於頂樓及底層之水平向加速度頻譜

2.4.3　共振效應的防治

由上所述，共振效應會造成建築物的破壞及倒塌，那有什麼方法可以來防治，這方面可分成兩個時期來說明：建築物完工前時期的事前規劃與建築物完工後時期的事後補強。

1. 建築物完工前時期：對新建建築物基地地震危害度的評估，既然建築物的樓層高度可以決定該房屋的基本震動週期，那麼如事先對建築物地基所在的地層先進行顯著週期的量測，譬如社區、校區、廠房或園區先做地層的微動量測，知道該區域的顯著週期是幾秒，在規劃建築物的樓層就可避開地層的顯著週期，避免地震來時產生共振而受損毀壞，以提升建築物之安全性。例如地層的顯著週期是 1.0 秒，就不要蓋十層樓左右的建築，因為該建築本身的基本震動週期約為 1.0 秒。

2. 建築物完工後時期：如建築物已完工，對既有的建築物耐震性評估及補強，則可利用結構工程的技術，藉由減震或隔震構件來改變結構系統的勁度（剛度）與阻尼，避開地震的顯著振動週期，降低建築物在地震作用下的反應，此部分可參見 2.1.5 節。

專欄二

台灣地區震區劃分圖

地震危害度影響建築設計中地表加速度值的大小，發生地震可能性較高的地區應採取較高的地表加速度來設計。依據地震危害度分析的結果，台灣地區可劃分為幾個不同的震區。民國 71 年的震區劃分如下之左圖，共劃分為強震區、中震區及弱震區三個分區，例如南投地區為中震區。民國 86 年的震區劃分如下之中圖，共劃分為一甲區、一乙區、二區及三區四個分區，例如南投地區為二區。九二一地震後，民國 88 年 12 月修訂後之版本如下之右圖，共劃分為地震甲區及地震乙區二個分區。大幅增加了地震甲區的區域，例如南投地區為地震甲區。南投地區的地震分區在 86 年版為地震二區，地震分區係數為 0.23，九二一後，南投地區的地震分區為地震甲區，地震分區係數提高為 0.33。

九二一大地震後，內政部營建署依最新強震資料於民國 88 年 12 月修正台灣地區建築技術規則耐震設計，依震區水平加速度係數劃分為地震甲區及地震乙區，其對應之加速度係數分別為 0.33 及 0.23。各震區包括之直轄市、縣（市）及鄉（鎮、市）如下所列：

一、地震甲區：

宜蘭縣、新竹市、新竹縣、苗栗縣、台中市、台中縣、彰化縣、南投縣、雲林縣、嘉義市、嘉義縣、台南市、台南縣、花蓮縣、台東縣。

高雄縣：旗山鎮、三民鄉、六龜鄉、內門鄉、甲仙鄉、杉林鄉、美濃鄉、桃源鄉、茂林鄉。

　　　屏東縣：恆春鎮、九如鄉、內埔鄉、里港鄉、車城鄉、牡丹
　　　　　　　鄉、長治鄉、來義鄉、泰武鄉、高樹鄉、春日鄉、
　　　　　　　獅子鄉、瑪家鄉、萬巒鄉、滿洲鄉、霧台鄉、鹽埔
　　　　　　　鄉、麟洛鄉、三地門鄉。

二、地震乙區：

　　　基隆市、台北市、台北縣、桃園縣、高雄市、澎湖縣。

　　　高雄縣：鳳山市、岡山鎮、大社鄉、大寮鄉、大樹鄉、仁武
　　　　　　　鄉、田寮鄉、永安鄉、阿蓮鄉、林園鄉、梓官鄉、
　　　　　　　鳥松鄉、茄萣鄉、路竹鄉、湖內鄉、燕巢鄉、橋頭
　　　　　　　鄉、彌陀鄉。

　　　屏東縣：屏東市、東港鎮、竹田鄉、林邊鄉、佳冬鄉、枋山
　　　　　　　鄉、枋寮鄉、南州鄉、崁頂鄉、琉球鄉、新埤鄉、
　　　　　　　新園鄉、萬丹鄉、潮州鄉。

　　　金門與馬祖不屬上述任一震區。但其水平加速度係數可取地
震乙區。

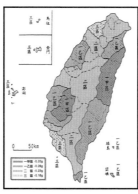

經濟又安全的耐震設計規範及實例說明

一般的建築耐震設計，除了考慮安全之外，還要合乎經濟原則。因為要設計一座絕對耐震的房屋或橋樑，所花的建築費用實在過於龐大，就經濟學的角度而言，那就太划不來。譬如說蓋一座房屋或橋樑的造價只要一千萬，但為了要讓它能夠承受地震規模大於 8.5 的大地震，它的工程費就要漲到二千萬甚至三千萬，那就不符合經濟原則。因此，一項合乎經濟原則的防震設計，應該根據該地區以往所發生地震的最大強度，以及未來可能重現的機率來定出適度合理的耐震要求，以避免費用過度龐大，一般民眾無法負荷。

至於耐震設計規範則訂定於「建築技術規則」中，隨著科技的進步，人類對地震工程及耐震設計愈來愈了解，結構耐震設計規範亦隨之不斷更新。建築結構設計依據的建築技術規則是由內政部營建署所頒布，最早於民國 34 年 2 月 26 日頒布實施，於民國 63 年 2 月 15 日大幅修正，有關建築物耐震設計的規定首見於建築構造編，條文中對耐震設計做了初步規範。在民國 71 年 6 月 15 日，修訂有關地震力及鋼筋混凝土韌性設計等規定，繼而在 78 年 5 月 5 日，局部修正台北盆地地震力的計算。

從民國 71 年後經過 15 年。於民國 86 年頒布的版本大幅修正，首創「規則」與「規範」分立，規則乃較根本的條文，不易變更，其變更須經內政部審核，立法院通過，故只規定原則性之條文；而規範僅由營建署頒布，較易修正，可因應專業研究的進步，適時修改以符合現況。此外，耐震設計相關條文也大幅修正，並增加了許多耐震設計的相關內容。民國 89 年九二一集集大地震後，大幅度修訂結構耐震設計係數及地震強度分區，在建

築設計編中的建蔽率及建築高度也加入火災方面的防災概念。

　　中央氣象局於 1992 年因應當時台灣地區的強震資料不夠完整，因此推動執行「強地動觀測計畫」，在台灣地區設置了六百多部的強震儀，並於九二一大地震期間收集了超過萬筆的強震資料，可供建築耐震設計規範修訂的重要依據，除了依據加速度值將震區大幅調整外，也考慮了震動週期的區域特性，並沒有一味提高加速度的設計值，而真正符合安全又經濟的耐震設計原則。例如我們以位於台北地區的**大直橋基樁**部份來說明：

(1)假如台北地區由台灣震區劃分之乙區（0.23g）提高為甲區（0.33g），則工程費將由 2 億元增至 3 億元以上，增加 1 億多元。

(2)但只提高與週期相關的震譜係數（C 值由 2 提高至 2.5），則工程費僅由 2 億元增至 2.25 億元，只增加 0.25 億元。

(3)由上比較，經由強震資料的分析應用，適度修改耐震設計規範，除可提高耐震能力，達到安全的目的外，另可節省經費，把握了經濟的原則。

建築技術規則建築構造編－結構相關部份條文

（民國 98 年 1 月修訂版）

第一章　基本規則

第一節　設計要求

第 1 條　建築物構造須依業經公認通用之設計方法，予以合理分析，並依所規定之需要強度設計之。剛構必須按其束制程度及構材勁度，分配適當之彎矩設計之。

第 2 條　建築物構造各構材之強度，須能承受靜載重與活載重，並使各部構材之有效強度，不低於本編所規定之設計需要強度。

第 3 條　建築物構造除垂直載重外，須設計能以承受風力或地震力或其他橫力。風力與地震力不必同時計入；但需比較兩者，擇其較大者應用之。

第 4 條　本編規定之材料容許應力及基土支承力，如將風力或地震力與垂直載重合併計算時，得增加三分之一。但所得設計結果不得小於僅計算垂直載重之所得值。

第 5 條　建築物構造之設計圖，須明確標示全部構造設計之平面、立面、剖面及各構材斷面、尺寸、用料規格、相互接合關係：並能達到明細周全，依圖施工無疑義。繪圖應依公制標準，一般構造尺度，以公分為單位；精細尺度，得以公厘為單位，但須於圖上詳細說明。

第 6 條　建築物之結構計算書，應詳細列明載重、材料強度及結構設計計算。所用標註及符號，均應與設計圖一致。

第 7 條　使用電子計算機程式之結構計算，可以設計標準、輸

入值、輸出值等能以符合結構計算規定之資料，代替
計算書。但所用電子計算機程式必須先經直轄市、縣
（市）主管建築機關備案。當地主管建築機關認為有
需要時，應由設計人提供其他方法證明電子計算機程
式之確實，作為以後同樣設計之應用。

第二節　施工品質

第 8 條　建築物構造施工，須以施工說明書詳細說明施工品質
之需要，除設計圖及詳細圖能以表明者外，所有為達
成設計規定之施工品質要求，均應詳細載明施工說明
書中。

第 9 條　建築物構造施工期中，監造人須隨工作進度，依中國
國家標準，取樣試驗證明所用材料及工程品質符合規
定，特殊試驗得依國際通行試驗方法。施工期間工程
疑問不能解釋時，得以試驗方法證明之。

第五節　耐震設計

第 41-1 條　建築物耐震設計規範及解說（以下簡稱規範）由中央
主管建築機關另定之。

第 42 條　建築物構造之耐震設計、地震力及結構系統，應依左
列規定：

　　一、耐震設計之基本原則，係使建築物結構體在中
　　　　小度地震時保持在彈性限度內，設計地震時得容
　　　　許產生塑性變形，其韌性需求不得超過容許韌性
　　　　容量，最大考量地震時使用之韌性可以達其韌性
　　　　容量。

　　二、建築物結構體、非結構構材與設備及非建築
　　　　結構物，應設計、建造使其能抵禦任何方向之

地震力。

三、地震力應假設橫向作用於基面以上各層樓板及屋頂。

四、建築物應進行韌性設計，構材之韌性設計依本編各章相關規定辦理。

五、風力或其他載重之載重組合大於地震力之載重組合時，建築物之構材應按風力或其他載重組合產生之內力設計，其耐震之韌性設計依規範規定。

六、抵抗地震力之結構系統分左列六種：

（一）承重牆系統：結構系統無完整承受垂直載重立體構架，承重牆或斜撐系統須承受全部或大部分垂直載重，並以剪力牆或斜撐構架抵禦。

（二）構架系統：具承受垂直載重完整立體構架，以剪力牆或斜撐構架抵禦地震力者。

（三）抗彎矩構架系統：具承受垂直載重完整立體構架，以抗彎矩構架抵禦地震力者。

（四）二元系統：具有左列特性者：

1.完整立體構架以承受垂直載重。

2.以剪力牆、斜撐構架及韌性抗彎矩構架或混凝土部分韌性抗彎矩構架抵禦地震水平力，其中抗彎矩構架應設計能單獨抵禦百分之二十五以上的總橫力。

3.抗彎矩構架與剪力牆或抗彎矩構架與斜撐構架應設計使其能抵禦依相對勁度所分配之地震力。

　　　（五）未定義之結構系統：不屬於前四目之建築
　　　　　　結構系統者。

　　　（六）非建築結構物系統：建築物以外自行承擔
　　　　　　垂直載重與地震力之結構物系統者。

七、建築物之耐震分析可採用靜力分析方法或動力分
　　析方法，其適用範圍由規範規定之。

前項第三款規定之基面係指地震輸入於建築物構造之
水平面，或可使其上方之構造視為振動體之水平面。

第 43 條　建築物耐震設計之震區劃分，由中央主管建築機關公
　　　　　告之。

第 43-1 條　建築物構造採用靜力分析方法者，應依左列規定：

一、適用於高度未達五十公尺或未達十五層之規則性
　　建築物。

二、構造物各主軸方向分別所受地震之最小設計水平
　　總橫力 V 應考慮左列因素：

　　　（一）應依工址附近之地震資料及地體構造，以
　　　　　　可靠分析方法訂定工址之地震危害度。

　　　（二）建築物之用途係數值（ I ）如左；建築物
　　　　　　種類依規範規定。

　　　　　1.第一類建築物：地震災害發生後，必須
　　　　　　維持機能以救濟大眾之重要建築物。

　　　　　I = 1.5。

　　　　　2.第二類建築物：儲存多量具有毒性、爆
　　　　　　炸性等危險物品之建築物。

　　　　　I = 1.5。

　　　　　3.第三類建築物：由規範指定之公眾使用

建築物或其他經中央主管建築機關認定之建築物。

I = 1.25。

4.第四類建築物：其他一般建築物。

I = 1.0。

（三）應依工址地盤軟硬程度或特殊之地盤條件訂定適當之反應譜。地盤種類之判定方法依規範規定。使用反應譜時，建築物基本振動周期得依規範規定之經驗公式計算，或依結構力學方法計算，但設計周期上限值依規範規定之。

（四）應依強度設計法載重組合之載重係數，或工作應力法使用之容許應力調整設計地震力，使有相同的耐震能力。

（五）計算設計地震力時，可考慮抵抗地震力結構系統之類別、使用結構材料之種類及韌性設計，確認其韌性容量後，折減設計地震及最大考量地震地表加速度，以彈性靜力或動力分析進行耐震分析及設計。各種結構系統之韌性容量及結構系統地震力折減係數依規範規定。

（六）計算地震總橫力時，建築物之有效重量應考慮建築物全部靜載重。至於活動隔間之重量，倉庫、書庫之活載重百分比及水箱、水池等容器內容物重量亦應計入；其值依規範規定。

（七）為避免建築物因設計地震力太小，在中小
　　　度地震過早降伏，造成使用上及修復上之
　　　困擾，其地震力之大小依規範規定。

三、最小總橫力應豎向分配於構造之各層及屋頂。屋
　　頂外加集中橫力係反應建築物高振態之效應，其
　　值與建築物基本振動周期有關。地震力之豎向分
　　配依規範規定。

四、建築物地下各層之設計水平地震力依規範規定。

五、耐震分析時，建築結構之模擬應反映實際情形，
　　並力求幾何形狀之模擬、質量分布、構材斷面性
　　質與土壤及基礎結構互制等之模擬準確。

六、為考慮質量分布之不確定性，各層質心之位置應
　　考慮由計算所得之位置偏移。質量偏移量及造成
　　之動態意外扭矩放大的作用依規範規定。

七、地震產生之層間相對側向位移應予限制，以保
　　障非結構體之安全。檢核層間相對側向位移所使
　　用的地震力、容許之層間相對側向位移角及為避
　　免地震時引起的變形造成鄰棟建築物間之相互碰
　　撞，建築物應留設適當間隔之數值依規範規定。

八、為使建築物各層具有均勻之極限剪力強度，無顯
　　著弱層存在，應檢核各層之極限剪力強度。檢核
　　建築物之範圍及檢核後之容許基準依規範規定。

九、為使建築物具有抵抗垂直向地震之能力，垂直地
　　震力應做適當的考慮。

第 43-2 條　建築物構造須採用動力分析方法者，應依左列規定：

一、適用於高度五十公尺以上或地面以上樓層達十五

層以上之建築物，其他需採用動力分析者，由規範規定之。

二、進行動力分析所需之加速度反應譜依規範規定。

三、動力分析應以多振態反應譜疊加法進行。其振態數目及各振態最大值之疊加法則依規範規定。

四、動力分析應考慮各層所產生之動態扭矩，意外扭矩之設計算應計及其動力效應，其處理方法依規範規定。

五、結構之模擬、地下部分設計地震力、層間相對側向位移與建築物之間隔、極限層剪力強度之檢核及垂直地震效應，準用前條規定。

第 45-1 條 附屬於建築物之結構物部分構體及附件、永久性非結構構材與附件及支承於結構體設備之附件，其設計地震力依規範規定。前項附件包括錨定裝置及所需之支撐。

第 46-1 條 建築物以外自行承擔垂直載重與地震力之非建築結構物，其設計地震力依規範規定。

第 47-1 條 結構系統應以整體之耐震性設計，並符合規範規定。

第 47-2 條 耐震工程品管及既有建築物之耐震能力評估與耐震補強，依規範規定。

第 48-1 條 建築基地應評估發生地震時，土壤產生液化之可能性，對中小度地震會發生土壤液化之基地，應進行土質改良等措施，使土壤液化不致產生。對設計地震及最大考量地震下會發生土壤液化之基地，應設置適當基礎，並以折減後之土壤參數檢核建築物液化後之安全性。

第 49-2 條　建築物耐震設計得使用隔震消能系統，並依規範規定設計。

第 50-1 條　施工中結構體之支撐及臨時結構物應考慮其耐震性。但設計之地震回歸期可較短。施工中建築物遭遇較大地震後，應檢核其構材是否超過彈性限度。

第 55 條　主管建築機關得依地震測報主管機關或地震研究機構或建築研究機構之請，規定建築業主於建築物建造時，應配合留出適當空間，供地震測報主管機關或地震研究機構或建築研究機構設置地震記錄儀，並於建築物使用時保管之，地震後由地震測報主管機關或地震研究機構或建築研究機構收集紀錄存查。
興建完成之建築物需要設置地震儀者，得比照前項規定辦理。

建築技術規則建築構造編—基礎相關部份條文

（民國 98 年 1 月修訂版）

第二章　基礎構造

第一節　通則

第 56-1 條　建築物基礎構造之地基調查、基礎設計及施工，應依本章規定辦理。

第 56-2 條　建築物基礎構造設計規範（以下簡稱基礎構造設計規範），由中央主管建築機關另定之。

第 57 條　建築物基礎應能安全支持建築物；在各種載重作用下，基礎本身及鄰接建築物應不致發生構造損壞或影響其使用功能。

建築物基礎之型式及尺寸，應依基地之地層特性及本編第五十八條之基礎載重設計。基礎傳入地層之最大應力不得超出地層之容許支承力，且所產生之基礎沉陷應符合本編第七十八條之規定。

同一建築物由不同型式之基礎所支承時，應檢討不同基礎型式之相容性。

基礎設計應考慮施工可行性及安全性，並不致因而影響生命及產物之安全。

第二項所稱之最大應力，應依建築物各施工及使用階段可能同時發生之載重組合情形、作用方向、分布及偏心狀況計算之。

第 58 條　建築物基礎設計應考慮靜載重、活載重、上浮力、風力、地震力、振動載重以及施工期間之各種臨時性載重等。

第 60 條　建築物基礎應視基地特性，依左列情況檢討其穩定性及安全性，並採取防護措施：

一、基礎周圍邊坡及擋土設施之穩定性。

二、地震時基礎土壤可能發生液化及流動之影響。

三、基礎受洪流淘刷、土石流侵襲或其他地質災害之安全性。

四、填土基地上基礎之穩定性。

施工期間挖填之邊坡應加以防護，防發生滑動。

第 62 條　基礎設計及施工應防護鄰近建築物之安全。設計及施工前均應先調查鄰近建築物之現況、基礎、地下構造物或設施之位置及構造型式，為防護設施設計之依據。

前項防護設施，應依本章第六節及建築設計施工編第八章第三節擋土設備安全措施規定設計施工。

第二節　地基調查

第 64 條　建築基地應依據建築物之規劃及設計辦理地基調查，並提出調查報告，以取得與建築物基礎設計及施工相關之資料。地基調查方式包括資料蒐集、現地踏勘或地下探勘等方法。其地下探勘方法包含鑽孔、圓錐貫入孔、探查坑及基礎構造設計規範中所規定之方法。五層以上或供公眾使用建築物之地基調查，應進行地下探勘。四層以下非供公眾使用建築物之基地，且基礎開挖深度為五公尺以內者，得引用鄰地既有可靠之地下探勘資料設計基礎。無可靠地下探勘資料可資引用之基地仍應依第一項規定進行調查。但建築面積六百平方公尺以上者，應進行地下探勘。基礎施工期

間，實際地層狀況與原設計條件不一致或有基礎安全性不足之虞，應依實際情形辦理補充調查作業，並採取適當對策。建築基地有左列情形之一者，應分別增加調查內容：

一、五層以上建築物或供公眾使用之建築物位於砂土層有土壤液化之虞者，應辦理基地地層之液化潛能分析。

二、位於坡地之基地，應配合整地計畫，辦理基地之穩定性調查。位於坡腳平地之基地，應視需要調查基地地層之不均勻性。

三、位於谷地堆積地形之基地，應調查地下水文、山洪或土石流對基地之影響。

四、位於其他特殊地質構造區之基地，應辦理特殊地層條件影響之調查。

第 65 條　地基調查得依據建築計畫作業階段分期實施。

地基調查計畫之地下探勘調查點之數量、位置及深度，應依據既有資料之可用性、地層之複雜性、建築物之種類、規模及重要性訂定之。其調查點數應依下列規定：

一、基地面積每六百平方公尺或建築物基礎所涵蓋面積每三百平方公尺者，應設一調查點。但基地面積超過六千平方公尺及建築物基礎所涵蓋面積超過三千平方公尺之部分，得視基地之地形、地層複雜性及建築物結構設計之需求，決定其調查點數。

二、同一基地之調查點數不得少於二點，當二處探查

結果明顯差異時，應視需要增設調查點。

調查深度至少應達到可據以確認基地之地層狀況，以符合基礎構造設計規範所定有關基礎設計及施工所需要之深度。同一基地之調查點，至少應有半數且不得少於二處，其調度深度應符合前項規定。

第 65-1 條　地下探勘及試驗之方法應依國家標準規定之方法實施。但國家標準未規定前，得依符合調查目的之相關規範及方法辦理。

第 66 條　地基調查報告包括紀實及分析，其內容依設計需要決定之。地基調查未實施地下探勘而引用既有可靠資料者，其調查報告之內容應與前項規定相同。

第三節　淺基礎

第 69 條　淺基礎以基礎版承載其自身及以上建築物各種載重，支壓於其下之基土，而基土所受之壓力，不得超過其容許支承力。

第 70 條　基土之極限支承力與地層性質、基礎面積、深度及形狀等有關者，依基礎構造設計規範之淺基礎承載理論計算之。

第 71 條　基地之容許支承力由其極限支承力除以安全係數計算之。前項安全係數應符合基礎構造設計規範。

第 73 條　基礎版底深度之設定，應考慮基底土壤之容許支承力、地層受溫度、體積變化或沖刷之影響。受各種載重所引致之沉陷量，應依土壤性質、基礎形式及載重大小，利用試驗方法、彈性壓縮理論、壓密理論、或以其他方法推估之

第 78 條　基礎之容許沉陷量應依基礎構造設計規範，就構造種

類、使用條件及環境因素等定之，其基礎沉陷應求其均勻，使建築物及相鄰建築物不致發生有害之沉陷及傾斜。相鄰建築物不同時興建，後建者應設計防止因開挖或本身沉陷而導致鄰屋之損壞。

第 78-1 條　獨立基腳、聯合基腳、連續基腳及筏式基礎之分析，應符合基礎構造設計規範。基礎版之結構設計，應檢核其剪力強度與彎矩強度等，並應符合本編第六章規定。

第 86 條　各類基腳承受水平力作用時，應檢核發生滑動或傾覆之穩定性，其安全係數應符合基礎構造設計規範。

第四節　深基礎

第 88-1 條　深基礎包括樁基礎及沉箱基礎，分別以基樁或沉箱埋設於地層中，以支承上部建築物之各種載重。

第 89 條　使用基樁承載建築物之各種載重時，不得超過基樁之容許支承力，且基樁之變位量不得導致上部建築物發生破壞或影響其使用功能。同一建築物之基樁，應選定同一種支承方式進行分析及設計。但因情況特殊，使用不同型式之支承時，應檢討其相容性。基樁之選擇及設計，應考慮容許支承力及檢討施工之可行性。基樁施工時，應避免使周圍地層發生破壞及周邊建築物受到不良影響。斜坡上之基樁應檢討地層滑動之影響。

第 90 條　基樁之垂直支承力及抗拉拔力，根據基樁種類、載重型式及地層情況，依基礎構造設計規範之分析方法及安全係數計算；其容許支承力不得超過基樁本身之容許強度。基樁貫穿之地層可能發生相對於基樁之沉陷

　　　　　　時，應檢討負摩擦力之影響。基樁須承受側向作用力
　　　　　　時，應就地層情況及基樁強度依基礎構造設計規範推
　　　　　　估其容許側向支承力。

第 96 條　群樁基礎之基樁，應均勻排列；其各樁中心間距，應
　　　　　　符合基礎構造設計規範最小間距規定。群樁基礎之容
　　　　　　許支承力，應考慮群樁效應之影響，並檢討其沉陷量
　　　　　　以避免對建築物發生不良之影響。

第 97 條　基樁支承力應以樁載重或其他方式之試驗確認基樁之
　　　　　　支承力及品質符合設計要求。前項試驗方法及數量，
　　　　　　應依基礎構造設計規範辦理。基樁施工後樁材品質及
　　　　　　施工精度未符合設計要求時，應檢核該樁基礎之支承
　　　　　　功能及安全性。

第 100 條　基樁以整支應用為原則，樁必須接合施工時，其接頭
　　　　　　應不得在基礎版面下三公尺以內，樁接頭不得發生脫
　　　　　　節或彎曲之現象。基樁本身容許強度應按基礎構造設
　　　　　　計規範依接頭型式及接樁次數折減之。

第 105 條　如基樁應用地點之土質或水質情形對樁材有害時，應
　　　　　　以業經實用有效之方法，予以保護。

第 105-1 條基樁樁體之設計應符合基礎構造設計規範及本編第四
　　　　　　章至第六章相關規定。

第 121 條　沉箱基礎係以預築沉埋或場鑄方式施築，其容許支承
　　　　　　力應依基礎構造設計規範計算。

第六節　基礎開挖

第 122 條　基礎開挖分為斜坡式開挖及擋土式開挖，其規定
　　　　　　如下：

　　　　　　一、斜坡式開挖：基礎開挖採用斜坡式開挖時，應依

照基礎構造設計規範檢討邊坡之穩定性。

二、擋土式開挖：基礎開挖採用擋土式開挖時，應依基礎構造設計規範進行牆體變形分析與支撐設計，並檢討開挖底面土壤發生隆起、砂湧或上舉之可能性及安全性。

第 123 條　基礎開挖深度在地下水位以下時，應檢討地下水位控制方法，避免引起周圍設施及鄰房之損害。

第 124 條　擋土設施應依基礎構造設計規範設計，使具有足夠之強度、勁度及貫入深度以保護開挖面及周圍地層之穩定。

第 127-1 條基礎開挖得視需要利用適當之監測系統，量測開挖前後擋土設施、支撐設施、地層及鄰近構造物等之變化，並應適時研判，採取適當對策，以維護開挖工程及鄰近構造物之安全。

第 130 條　建築物之地下構造與周圍地層所接觸之地下牆，應能安全承受上部建築物所傳遞之載重及周圍地層之側壓力；其結構設計應符合本編相關規定。

第七節　地層改良

第 130-1 條基地地層有改良之必要者，應依本規則有關規定辦理。

地層改良為對原地層進行補強或改善，改良後之基礎設計，應依本規則有關規定辦理。

地層改良之設計，應考量基地地層之條件及改良土體之力學機制，並參考類似案例進行設計，必要時應先進行模擬施工，以驗證其可靠性。

第 130-2 條施作地層改良時，不得對鄰近構造物或環境造成不良

影響，必要時應採行適當之保護措施。

臨時性之地層改良施工，不得影響原有構造物之長期使用功能。

建築物地震破壞毀損的型式及原因

　　九二一大地震造成建築物破壞毀損的型式及原因，歸納整理可分為柱破壞、樑破壞、牆破壞、地基破壞、頂樓破壞及房屋相撞等，分述如下：

1. 柱破壞

   (1)脆性破壞：柱子上下端的箍筋太少或間距過大。

   (2)短柱效應：因柱與窗台相連接而使有效柱長減短，引致柱子在中高位置開裂。

   (3)剪力破壞：細長且強度較弱的柱構件容易發生。

2. 樑破壞

   (1)剪力破壞：產生大的斜向裂縫，會使主筋下的混凝土剝落。

   (2)短樑剪力裂開：產生 X 型的剪力破壞。

3. 牆破壞

   (1)剪力破壞：牆體橫向抗震能力不足，造成 X 型裂縫的脆性破壞。

   (2)接續處破壞：發生在新舊接合牆的界面處。

4. 地基破壞

   回填的土層夯實不良導致地基不均勻沈陷，造成上面結構物的破壞。

5. 頂樓破壞

   房屋頂層因樓層加蓋或放置過多水塔，負荷加重及剛性改變，地震時易塌陷傾倒。

6. 房屋相撞

   不連棟的建築物之間未依法規保留間距，地震時相鄰建築

物的振動震幅與方向不一致，造成互撞而損壞。

上述的六種破壞中最常見的短柱效應以及綜合型態的軟弱層結構破壞另外補充說明如下：

1. 短柱效應：以學校教室損壞的情形最多，由於窗台將中間柱子束制，使柱子原有抗彎矩的有效長度變短，地震時，柱被迫承受大量的橫向剪力而破壞，即形成短柱效應。為避免此效應，在施工時，牆與柱之間要保留伸縮縫空隙，使柱子發揮設計時應有的抗彎矩能力。在嘉義黎明國小即此用此類設計，經過多次地震考驗，安然無恙。

2. 軟弱層結構：因建築物的底層為騎樓或柱子挑高，而且牆壁數量較上面的樓層要少，以致於勁度或強度都比上面樓層要小，遭受強烈地震時，底層因而破壞，大樓倒塌。此種一樓挑高採開放空間設計的大樓，甚至為講究使用空間及視覺美觀，將部分樑柱或牆面敲除，造成了軟弱層結構。

3

九二一大地震的審視
－前車之鑑

首先，我們來回顧九二一集集大地震。

1999 年 9 月 21 日凌晨 1 時 47 分（世界標準時間則為 9 月 20 日 17 時 47 分），台灣中部發生芮氏規模 $M_L7.3$（地震矩規模 $M_W7.6$）的強烈地震，震央位於日月潭地震測站西方 12.5 公里（北緯 23.85 度、東經 120.82 度），亦即南投縣集集鎮附近，震源深度為 8 公里，為台灣百年來發生於島上的最大地震。圖 3.1 為集集大地震之地震報告（中央氣象局網站）。

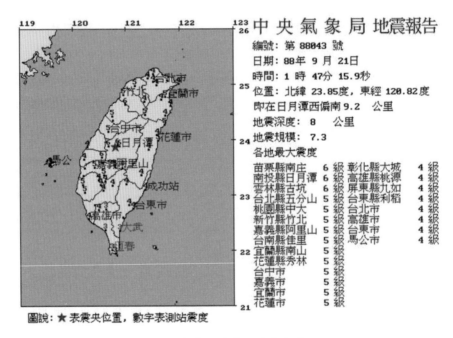

圖 3.1　集集大地震之地震報告。

資料來源：中央氣象局

九二一地震乃車籠埔斷層活動所引起，該斷層為南北走向，向西逆衝的斷層（傾角向東約為 26 度）。根據研究，車籠埔斷層地形上主要為沿麓山帶和平原區的交界。此次地表錯動長度超過一百

公里，斷層沿著台中盆地與南投、豐原兩丘陵的交界線，呈南北向，由南投縣的桶頭，向北經過竹山、名間、南投、中興新村、草屯、霧峰、車籠埔、太平、大坑、豐原，於石岡轉為東北方向延伸至卓蘭內灣里一帶。斷層活動結果造成上盤（東側）隆起，高度自一公尺以下至八、九公尺不等，包括埤豐橋及石岡水壩毀損，並在大甲溪河床上形成六公尺高的瀑布（如圖 3.2）。九二一地震由於規模大，震源深度淺，又發生在陸地，直接受到斷層錯動的沿線區域，造成人員大量傷亡與許多房屋毀損之嚴重災情。此外受到地震之強烈地振動引起的破壞區域，包括震央及其鄰近區域如集集、中寮、埔里等地，由於其接近震央，如在日月潭及名間強震站的強震紀錄皆超過一個重力加速度（1g）因此造成嚴重破壞，甚至遠離震央 150 公里外的台北，也有多棟大樓倒塌，人員傷亡 500 餘人。此外，明顯餘震活動（有感）長達一年，地震資料超過四萬

圖 3.2　車籠埔斷層破裂面通過埤豐橋，並在大甲溪河床上形成六公尺高的瀑布。（俞錚皡提供）

筆，餘震區域也廣達 3000 平方公里（30 公里×100 公里）。

根據內政部消防署的調查統計，因此次地震死亡人數已達 2456 人，受傷 10718 人，房屋毀損達 106,685 棟；31 萬人無家可歸，中小學校遭到毀損 656 所，43 所校舍全毀，其他供水、電信、電力、交通亦受創嚴重，財產損失估計超過 4439 億元以上。倒塌的大樓除震央區附近為低矮的房子外，另一受損較嚴重的建築物以十二層樓左右的最明顯，而大樓高層在地震引發搖晃的程度更為激烈。另外，亦造成台灣中部地區多處山坡地發生山崩以及平地的土壤液化；山崩以草嶺、國姓的九份二山最讓人怵目驚心，許多道路和橋樑亦遭受到嚴重破壞，其中最嚴重者為中部橫貫公路谷關至德基一段，至今仍然無法恢復通車。

在上一篇專家學者檢討九二一大地震，所造成房屋建築物破壞原因的六項因素中，第一、二項是屬於非人為故意因素，第一項因斷層直接通過建築或結構物底下，導致建築結構倒塌損毀。第二項震區原劃分為中震區（71 年版）或地震二區（86 年版）的地區，實際地震力已超過建築設計值。**如我們事先得知活動斷層的精確位置，不要在斷層帶上蓋房子。震區的重新劃分也能更符合接近實際地震災害的潛勢，讓房屋有較高耐震能力之要求，則此兩項因素所造成的建物毀損可大大的降低。**

在本篇共分四章來探討：第一章是台灣的地震環境特性，第二章是地震的災害類別，第三章是地震破壞的選擇性－建物新或舊、高或低以及第四章是強震地動的特性－最大值、持續時間、共振週期。在第一章台灣的地震環境特性裡，筆者會依台灣地區的地體構造、台灣地震帶的分布以及台灣的活動斷層三部分來做更詳細的說明。

3.1　台灣的地震環境特性

　　首先，我們先瞭解台灣地區的地震活動，台灣自 1897 年 12 月設置第一部地震儀，開始了儀器觀測地震年代，自 1994 年中央氣象局由觸發式方式改為連續方式記錄地震活動，平均每年發生在台灣地區的地震記錄次數即高達 15,000 次，也就是平均每天有 40 餘次的地震，如圖 3.3，1996 年的地震次數就有 16,978 次，但大部分為無感地震，其中有感地震約二百餘次。

　　那麼地震如何發生？其動力來源又為何？學者以板塊運動來解說，這部分請參見後方專欄。為什麼台灣會有這麼多的地震發生呢？我們先由台灣的地體構造環境來說起。

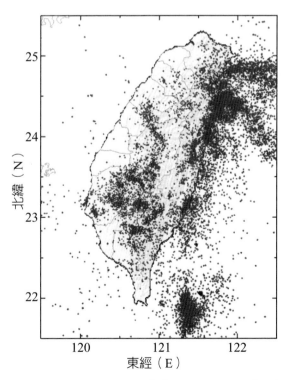

圖 3.3　台灣地震活動，1996 年地震震央分布圖，地震次數 16978。
資料來源：中央氣象局

3.1.1 台灣地區的地體構造

　　台灣位於歐亞大陸板塊和菲律賓海板塊的交界處，東南方為菲律賓海板塊，西北方則是歐亞大陸板塊。這兩個板塊的邊界從東北方的琉球海溝，約在台灣花蓮附近，向南延伸經台東縱谷到馬尼拉海溝（圖 3.4）。從一千五百萬年前開始，菲律賓海板塊就不斷地朝西北方向移動，如今仍以每年 8.2 公分的速度，向著歐亞大陸板塊推進。在台灣的東北方，菲律賓海板塊的西緣沿著琉球海溝俯衝到歐亞大陸板塊底下，形成一個向西北傾斜的隱沒帶。在台灣南方，板塊的隱沒方向洽相反，歐亞大陸板塊向東隱沒到菲律賓海板塊底下。這兩套隱沒帶的上方發展出琉球和呂宋兩個島弧系統，分別延伸入台灣，在台灣北部交會。板塊的交界處及其附近，往往就是地震發生的地方。自 1900 年以來，世界上規模最大的 10 個地震，發現大都位於板塊的聚合交界處，尤其是位於環太平洋地震帶上，有紀錄以來規模最大的地震發生於 1960 年的智利地震，規模達 9.5。另外 2004 年引發南亞大海嘯的印尼地震規模 9.0 則可擠升至第 4 名。不過除了規模以外，造成災害的另一個主要因素是震央地點，如位於人口密度集中的地區，則死傷人數將會很嚴重。例如 1556 年發生於中國陝西的地震，造成了約 83 萬人的死亡，是有史以來死亡人數最多的一次地震；1976 年發生於中國唐山的地震，亦造成了約 70 萬人的死亡。

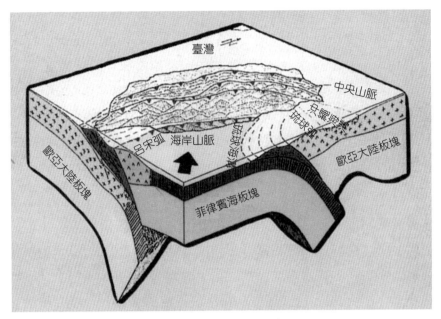

圖 3.4　台灣地區的地體構造。

資料來源：中央氣象局

3.1.2　台灣地震帶的分布

　　依據中央氣象局的地震資料顯示，台灣在過去一百多年來已經發生了近百次的災害性地震，平均每年約發生一次。災害性地震又集中在台灣西部地區，最嚴重的是 1935 年新竹－台中烈震以及 1999 年集集大地震。這兩次地震共造成近六千人死亡，財務損失高達數千億元。我們先來了解地震儀器觀測一百年間（1898～1997 年），災情最為慘重的十次災害地震，再來看台灣地震帶的分布及其特性。

　　有關台灣災害性地震的記載，鄭世楠博士等人整理了儀器觀測一百年間災情最為慘重的十次災害地震資料，包括震央位置、震源深度、規模大小及災害統計等。如再加上 1999 年九二一集集及 一

○二二嘉義二次災害地震，共 12 個災害地震的震央分布位置如圖 3.5。上述地震依序為：1904 年 11 月 6 日斗六地震、1906 年 3 月 17 日梅山地震、1916 年 8 月 28 日南投地震系列、1935 年 4 月 21 日新竹－台中地震、1941 年 12 月 17 日中埔地震、1946 年 12 月 5 日新化地震、1951 年花東縱谷地震系列、1959 年 8 月 15 日恆春地震、1964 年 1 月 18 日白河地震、1986 年 11 月 15 日花蓮地震、1999 年 9 月 21 日集集地震和 1999 年 10 月 22 日嘉義地震。

這 12 次地震的災害特性和震央位置、時代背景、當時建築物結構類型有關。例如 1904 年斗六地震，雖地震規模不大，但發生在平原區且震源深度相當淺，造成建築物嚴重的破壞；1916 年南投地震系列，在南投地區造成重大的災害；1906 年梅山地震與 1946 年新化地震，造成顯著的梅山地震斷層與新化地震斷層，並發生大規模的土壤液化等現象；1941 年中埔地震與 1964 年白河地震，大範圍的山崩與地滑，白河地震造成嘉義市大火；1935 年新竹－台中地震，在苗栗、台中地區產生獅潭與屯仔腳地震斷層；1951 年花東縱谷地震系列，整個震災地區長達一百多公里；1959 年恆春地震，在台灣南端區造成嚴重災害；1986 年花蓮地震，遠離震央的台北與宜蘭地區造成較大的災害。此外，地震災害與地上建築物類型有密切的關聯，如早期以茅草屋、竹屋、土埆厝為主，繼而是木造、磚造為主，進而鋼筋混凝土及鋼骨結構，不同時期建築物的震害現象，皆有差異。

再下來，我們來了解台灣地區地震帶的分布及特性，台灣共可分為三個地震帶（圖 3.6），分別如下：

1.西部地震帶：自台北南方經台中、嘉義而至台南。寬度約八十公里，大致與台灣島軸平行。此區域的地震次數較少，但餘震較頻繁，持續時間較短暫，範圍廣大，災情較嚴重，因為多發生在陸地，且震源淺（通常在三十公里以內），加

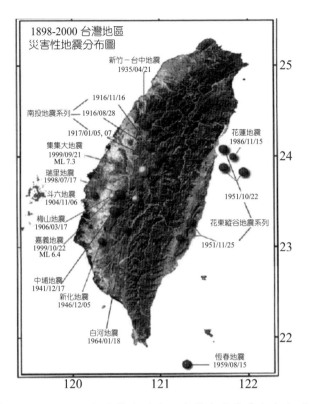

圖 3.5　1898-2000 年台灣地區十二大災害地震震央分布圖。
資料來源：中央氣象局

　　以人口密集等因素，所以造成較嚴重的災情。例如 1906 年
梅山烈震與 1935 年新竹、台中烈震，皆造成慘重的災情。

2.東部地震帶：北起宜蘭東北海底向南南西延伸，經過花蓮、
　成功到台東，一直至呂宋島。此帶北端自宜蘭與環太平洋地
　震帶延伸至西太平洋海底者相連，南端幾與菲律賓地震帶相
　接。此帶呈近似弧狀朝向太平洋，亦和台灣本島相平行，寬
　一百三十公里，因此區域恰處於歐亞大陸板塊與菲律賓海板
　塊的交界處，故地震次數甚為頻繁，通常震源較西部為深，
　因其多發生在外海，所以造成的災害相對的較小。

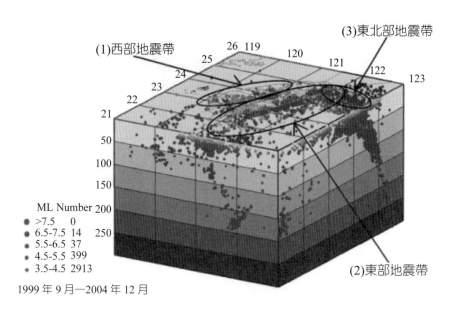

圖 3.6　台灣地區地震帶的分布。

資料來源：中央氣象局

3.東北部地震帶：此帶自琉球群島向西南延伸，經花蓮、宜蘭
至蘭陽溪上游附近，屬淺層震源活動帶。

3.1.3　台灣的活動斷層

成功預測地震的發生要具備四要素：時間、地點、規模及最大
震度，但目前科學家仍無法做到。因此，了解台灣區域性活動斷層
的分布位置與特性，是最有效的災害預防措施。因此，政府應結合
學術、研究等各單位共同推動進行。以落實「防災重於救災」。以
防災設計的觀點，政府興建重大工程設施，先不計交通、地質等因
素，如有選擇餘地，應盡量避免興建於地震斷層附近。一般而言，
距離地震斷層愈近的地方振動力越大，受震損失的機會也愈高。

　　依據民國 93 年 1 月 6 日初步通過的地質法第十一條「中央主管機關應於本法施行後半年內提出全國活動斷層調查實施計畫，至少每五年應通盤檢討一次。」，因此目前國內負責斷層調查機關為經濟部中央地質調查所。該所遂提出已完成的活動斷層分布初步調查成果為基礎，整合國內政府、學術、與產業界地震地質相關調查研究團隊，首先針對台灣西南部的斷層並逐年分區擴展至整個台灣進行斷層活動性觀測與地震潛勢評估調查研究為目標的「地震地質調查及活動斷層資料庫建置」計畫。活動斷層的類別初步分為三類，基本型態也可分為三種，請參見專欄「斷層類別與型態」。目前在立院審議的「地質法草案」規定，建物須沒有斷層線通過才可以進行開發，學者呼籲加速立法、提高斷層附近建物防震係數。至於中央地質調查所已完成的成果內容依時間先後說明如下，另活動斷層三種版本的演進與比較，請參見專欄三之「活動斷層三種版本的演進與比較」。

1. 1998 年版本

　　蒐集的活動斷層包括：第一類 9 條斷層，第二類 15 條斷層，存疑性 27 條斷層，共 51 條活動斷層。

2. 2000 年版本

　　蒐集與調查後的活動斷層包括：台灣北部 11 條斷層，中部 10 條斷層，西南部 9 條斷層，南部 6 條斷層，東部 7 條斷層；其中屬於第一類 12 條，第二類 11 條，存疑性 19 條，共 42 條活動斷層（如圖 3.7）。

3. 2010 年版本

　　經過近十年調查，2010 版的活動斷層，第一與第二類活斷層分別增為 20 與 13 條，總數從 42 條縮減為 33 條（如圖 3.8）。另列 4 條存疑性活動斷層。

(1)第一類活動斷層主要分佈在中部與西南部，包括：

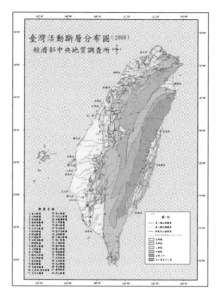

圖 3.7　台灣活動斷層分布圖 2000 版。

資料來源：經濟部中央地質調查所

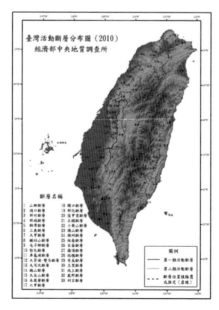

圖 3.8　台灣活動斷層分布圖 2010 版。

資料來源：經濟部中央地質調查所

新城斷層、獅潭斷層、三義斷層、大甲斷層（北段）、鐵砧山斷層、屯子腳斷層、彰化斷層、車籠埔斷層、大茅埔－雙冬斷層、梅山斷層、大尖山斷層、六甲斷層、觸口斷層、新化斷層、旗山斷層、米崙斷層、瑞穗斷層、玉里斷層、池上斷層、鹿野斷層。

(2)第二類活動斷層包括：

山腳斷層、湖口斷層、新竹斷層、九芎坑斷層、木屐寮斷層、後甲里斷層、左鎮斷層、小崗山斷層、潮州斷層、恆春斷層、嶺頂斷層、奇美斷層、利吉斷層。

(3)4 條存疑性活動斷層，分別為：南崁斷層、大平地斷層、竹東斷層、斗煥坪斷層。

在 33 條活動斷層中，最長的是造成九二一大地震的車籠埔斷層，過去兩千年曾引起六次地震。上述的斷層都是過去就已經發現的，只是現在有更多的證據顯示其活動性，重新作分類調整，不必太過恐慌。政府應立法保障民眾生命財產安全，例如提高斷層一定範圍內的防震係數、適度限建等。活動斷層範圍內的土地開發，須加強地質調查及地質安全評估，必須確認無斷層線通過基地內才可開發。

3.2　地震的災害類別

在人類遭遇的各種天然災害當中，地震瞬間所造成的災害最大，地震是地層在很短的時間劇烈地變動，並釋放出來十分驚人的能量。歷年來發生在世界各地的地震，造成的損失實難以估計，例如大家記憶猶新，2010 年 1 月 12 日在海地發生規模 7.0 的大地震，造成超過二十二萬人的死亡；2004 年 12 月 26 日在印尼蘇門答臘外海發生規模 9.0 的大地震，引發了致命摧毀性的海嘯，重創

南亞等地區，超過二十一萬人的死亡，震驚全球。世界上造成最大災害的地震是 1556 年 1 月 23 日發生於陝西的大地震，死亡人數達八十三萬。

在台灣地區大家印象深刻的，當屬 1999 年的九二一大地震。但台灣最嚴重的一次災害地震是發生在民國 24 年 4 月 21 日的新竹—台中大地震；該地震的規模為 7.1，造成 3279 人死亡，房屋全倒 17907 間。當時的房子大都用土磚建造，當受到地震搖動後，很容易倒下，造成傷亡。世界上有幾個大地震，如 1906 年的舊金山大地震和 1923 年東京大地震，均引起火災，造成了更大的損害。民國 53 年 1 月 18 日的白河大地震也在嘉義市引起大火。由震災的觀點而言，台灣東部和西部的地震特性不同。東部的地震震源通常在外海且深度較深，再加以東部人口較少，雖然地震次數頻繁，震災較小。相反地，西部的地震震源主要在陸地上且深度較淺，此地區人口稠密，再加上位於有放大效應的沖積平原上，雖然地震較少，但震災卻較嚴重。

有關地震的災害，本章分為三節，即地震的破壞方式、地震災害的種類以及九二一地震災害實例說明如下：

3.2.1 地震的破壞方式

地震具有多種破壞機制，會對地上建築、結構物造成嚴重破壞，破壞方式可分為二種：

1. 斷層破壞：當斷層使地面破裂時，任何橫跨或座落在斷層上的建築物、橋樑、水壩、管線、道路以及地形地貌都會被斷層擠壓或伸張而錯開破壞。
2. 地面振動破壞：地面振動是由地震波所造成的，強烈的振動

會使人為結構如建築物等受到損壞摧毀。適當的耐震設計可以降低建築物損害。

3.2.2　地震災害的種類

瞭解地震災害的種類與型態，有助於防災的重點規劃與救災的有效執行，以降低人民生命財產損失。地震引起的災害可分為兩類：直接災害與次生災害。

1.直接災害：直接災害是因地震發生而直接產生的破壞，包括：

(1)山崩：地震時造成的強烈振動會使震央附近的山區發生山崩，包括落石和地滑現象，造成交通阻斷、建築物壓毀及人員傷亡等災害。土石崩落累積在較陡峭河川上流區域的地質堆積物將是日後引發土石流的主因之一。

(2)地裂：沿著斷層的兩側發生錯動，如穿透地層而露出地表時，就會造成地面破裂、地盤拱起或陷落的情況。如果建築物、道路及橋樑等結構物的地基正好在斷層上，就會倒塌破壞。

(3)土壤液化：土質疏鬆且富含水分的砂質土壤，在強烈地震發生時，大且長時間的振動會使地層容易液化而變得軟弱，並使上方結構物的地基失去支撐，而下沈、傾斜或倒塌，如 1964 年日本新瀉地震，整排房屋因土壤液化翻倒。

(4)道路毀損：大地震發生會使地面扭曲變形、公路坍方，路面隆起或下陷。鐵軌扭曲、火車出軌。

(5)海嘯：因地震、火山噴發等因素造成海面受擾動引起長週期的波浪，稱為海嘯。海嘯會沖毀海港、碼頭、船舶及沿

岸房舍。地震海嘯成因與海底地殼升降、地震規模大小、震源深度及海水深度有關。而海嘯浪高受到海岸及海底地形的影響，會造成堆積使浪高大為增加。波浪經過折射、重疊、反射及建設性干涉的駐波效應等造成海嘯高度的增高而破壞力劇增。海嘯以極快的速率在寬闊的海洋中傳遞，當接近海岸時，波長減少，波高急速增加，打在海岸，釀成巨災。避免海嘯危害最好的方式就是及早預警，迅速往高地避難逃生。

(6)建築物倒塌損毀。房屋建築、電影院、學校、醫院、市場等倒塌引起嚴重的傷亡。

(7)橋樑斷裂：主要破壞原因為斷層經過，造成落橋等橋樑破壞。

(8)水壩破壞：水壩可能因為斷層經過而被破壞，居民無水可用。如水壩進一步裂開崩潰或河堤決口，嚴重時會引發水災，對水庫下游居民帶來比地震本身更巨大的傷害。

(9)維生管線的破壞：維生管線的震害包括自來水管、油管、瓦斯管、電力、電信以及其他各種生活必需管線的損害。亦包括化工廠易燃物的外洩。

(10)家破人亡：居家遭破壞及造成人員傷亡。

2.次生災害：次生災害指的是由地震損害再引發的災害，包括：

(1)火災：地震時劇烈的地面振動，會直接破壞建築物結構，使水管、瓦斯管及電線斷裂，火爐、瓦斯爐移位以致於引起火災或是房屋、電線桿倒塌引起電線短路發生火災。由於水管破裂，又無法供應水源，火勢難以收拾，造成極大災害。對預防火災的處理此部分，我們在 4.1 節會有更詳細的說明。

(2)堰塞湖：震央附近或地質脆弱山區發生山崩，土石阻塞
　　溪河，造成堰塞湖。如堰塞湖崩潰裂開致洪水泛濫引起
　　水災。

(3)瘟疫：地震死亡人員無法立即火化或掩埋，腐爛後會引發
　　瘟疫等疾病向外蔓延。

3.2.3　九二一地震災害實例

　　九二一地震是台灣百年來發生於島上的最大地震。引起的災害
及破壞包括：

1.山崩：南投國姓鄉九份二山、南投草屯九九峰及草嶺的山
　　崩，最讓人怵目驚心。土石崩落累積在較陡峭河川上流區
　　域，遇到颱風梅雨季節帶來豐沛的水量將引發土石流。如圖
　　3.9 及 3.10。

2.地裂：沿著車籠埔斷層的兩側造成地面破裂、地盤拱起或陷
　　落的情況，比比皆是。如圖 3.11。

3.土壤液化：在 2.3 節已說明了許多地區土壤液化的現象。

4.道路毀損：台 3 線等省、縣道地面扭曲變形，路面隆起或下
　　陷、公路坍方。台鐵東豐支線鐵軌扭曲。如圖 3.12。

5.建築物倒塌損毀：南投、台中縣市房屋建築倒塌嚴重。如圖
　　3.13 至 3.16。

6.橋樑斷裂：斷層經過的橋樑，造成落橋破壞。台 3 線交通嚴
　　重中斷。如圖 3.17。

7.水壩破壞：水壩可能因為斷層經過而被破壞，居民無水可
　　用。如水壩進一步裂開崩潰或河堤決口，嚴重時會引發水
　　災，對水庫下游居民帶來比地震本身更巨大的傷害。如
　　圖 3.18。

圖 3.9　地震造成的強烈振動使南投國姓鄉九份二山發生山崩，造成災害。

圖 3.10　地震造成的強烈振動使南投草屯九九峰發生山崩。土石崩落累積在
　　　　較陡峭河川上流區域，遇到颱風梅雨季節帶來豐沛的水量將引發土
　　　　石流。（俞錚皞提供）

圖 3.11　車籠埔斷層破裂面通過台中縣霧峰光復國中操場，造成地面隆起約
　　　　2 公尺。

圖 3.12　車籠埔斷層破裂面通過造成台鐵東豐支線鐵軌扭曲。

圖 3.13　地震造成的強烈振動使南投集集武昌官倒塌損毀。

8.維生管線的破壞：維生管線的震害包括自來水管、油管、瓦
　斯管、電力、電信以及其他各種生活必需管線的損害。亦包

圖 3.14　車籠埔斷層破裂面通過造成教室倒塌。

括化工廠易燃物的外洩。如圖 3.19。

　　9.家破人亡：造成 2456 人死亡，房屋全倒 53,661 棟。

　　如果結構物的地基正好跨越斷層上，那就會被撕扯，而使結構物倒塌，如圖 3.14。

　　此外，三角窗店舖由於空間使用，在一樓空間很少配置抗震牆，容易造成一樓為軟弱層，當地震來時，因剛心偏移使得角柱發生扭力破壞而倒塌。如圖 3.15。

圖 3.15　地震造成的強烈振動使台中縣東勢鎮聯盈大樓三角窗店舖倒塌。（俞錚皞提供）

圖 3.16　地震造成的強烈振動使台中市德昌新世界損毀。（俞錚皞提供）

圖 3.17　九二一地震造成台中縣太平市一江橋斷裂。（俞錚皞提供）

　　石岡壩位於大甲溪流域，供應大台中地區民生用水。石岡壩共有 18 座溢洪道及 2 座排砂道。因車籠埔斷層為左向平移逆斷

層，斷層破裂面通過石岡壩之 17、18 號溢洪道處，使得 1-16 號溢
洪道及排砂道壩體由海拔 272.00 公尺隆起至 284.32 公尺，抬昇約
12.32 公尺，17、18 號溢洪道處與右岸重力壩由海拔 272.00 公尺
隆起至 273.99 公尺，亦抬昇了 1.99 公尺，導致兩端有 10.33 公尺
的落差，16 號溢洪道嚴重變形及斷裂，17 及 18 號溢洪道則傾斜
及破裂，壩體及匣門受到剪切破壞而形成潰壩，水流由此三道溢洪
道洩流而失去蓄水功能。如圖 3.18。

圖 3.18　因斷層直接通過石岡壩底下，16 號溢洪道嚴重變形及斷裂，17 及 18
　　　　號溢洪道則傾斜及破裂，壩體及匣門受到剪切破壞而形成潰壩，水
　　　　流由此三道溢洪道洩流而失去蓄水功能。

原埋設於台中縣豐原市給水廠的地下輸水幹管,九二一地震時,整支鋼管遭受強大拉力,導致扭曲變形,足見當時地震之威力。本鋼管口徑 2000 公釐,管壁厚度為 18 公釐,設計抗拉力為 41 公斤/平方公釐,目前鋼管展示於台北市自來水博物館園區內。如圖 3.19。

圖 3.19　地震造成自來水管鋼管口徑 2000 公釐管線的損害。

3.3 地震破壞的選擇性－建物新或舊、高或低

在第二篇讓你能永保安康的解說中,我們瞭解造成地震中建築物大量倒塌的關鍵因素裡:除了因斷層錯動及地表加速度過大的天然因素外(3.1 節已說明),可由人為的努力來減低地震災害的關鍵中,房屋結構特性(會不會與地震引起共振效應)在 2.4 節已

說明；建築物地基特性（是否位於土壤液化區域）在 2.3 節也說明過。在本節我們將對於「九二一地震中建築物的破壞是否有選擇性？」會有進一步的說明。以下我們由專家學者實際勘災的結果來說明地震對建築物的破壞是有選擇性的，所謂「前車之鑑，後事之師」。讓我們在重建家園或現況補強時可以引以為戒。

比較 2010 年相繼發生的兩個大地震－海地地震及智利地震；2 月 27 日智利地震規模 8.8 換算能量是 1 月 12 日海地地震規模 7.0 的 501 倍，但智利地震死亡人數不超過一千人遠低於海地地震的 22 萬人，為何能量大的智利地震反而有較少的人員傷亡。其最大原因就在於兩個地區房屋的耐震程度。顯然智利的建築物有較好的耐震能力。也就是地震若發生在房屋耐震力較差的地區，往往會造成重大的人員傷亡。這樣的例子還有 1976 年中國唐山規模 7.6 的地震，很多泥造及磚造的房屋因韌性不足而倒塌，造成約 70 萬人死亡。又如 1988 年規模 6.8 的亞美尼亞地震，造成約 2 萬 5 千人死亡，也是因當地石砌式及預鑄版加框式的住宅受不了強烈的振動而倒塌殆盡，才造成如此大的傷亡。

反觀九二一地震建築物的震害，一至三層的建築物受損情況嚴重的另一主要因素就是建築較老舊，尤其是構造別屬於土塊厝、木造及磚造等老式建築，因早期耐震設計技術與規範，其耐震能力較不足而嚴重毀損倒塌，如圖 3.20。陳清泉教授指出台灣早期建築的主要類型為土構造與木竹構造建築物，房屋結構耐震性極弱。一旦地震發生時，強烈震動極易造成破壞倒塌，進而造成人員傷亡。另外，未加固的磚造建築物受地震襲擊，當地震力超出牆體所能承受時，牆體便會產生明顯的剪力裂痕，呈斜向破裂，嚴重者使牆體倒塌，磚塊裂散、掉落，變成傷害居民生命的最大威脅，其傷害力不下於土構造。至於現代建築物的主要類型為鋼筋混凝土及鋼

圖 3.20　老舊建築的耐震能力較不足，在地震的強烈振動下毀損倒塌。
　　　　（俞錚皞提供）

構造。在強烈地震中常見的破壞現象有地面層柱頭的爆裂、各層短柱的剪力破壞、磚牆的倒塌或斷裂、混凝土牆的剪力破壞引致建築物傾斜、崩塌，造成大量人員傷亡。

　　另一個造成建築物倒塌的因素是共振效應，也就是建築本身的基本震動週期與地震能量主要集中的顯著周期相當時，因而產生共振效應而受損嚴重。此部份在 2.4 節已提過，在此進一步以實例來佐證，由內政部建築研究所九二一大地震的勘災報告顯示，在車籠埔斷層兩側的六公里範圍內一至三層的建築物受損情況嚴重，約佔所有損壞建築物的 85%。由氣象局測站的加速度紀錄，經頻譜分析後顯示地震的主要振動週期為 0.2 至 0.4 秒間與上述受損建築物的顯著週期相當。此外，震害調查顯示有上仟棟屋齡在 10 年內的新建築受損，其中更有近百棟七層以上高層集合住宅大樓嚴重損壞或倒塌，比較分析這些高層建築與鄰近未受損相似建築物，瞭解其

損壞、倒塌原因。高層建築在十二樓以上的建物也有兩百餘棟損害。可見建築物損壞的樓層高度與地震波的能量分布週期有密切的關聯性，即所謂的共振效應。

　　另由蔡義本教授的研究指出集集地震的近震央地區有超過 20% 的房屋全倒率，車籠埔斷層北端轉折處東側的上盤地區，即東勢、石岡一帶也有高達 31% 的房屋全倒率，較高的死亡人數及死亡比率多分佈在上盤地區。另由田永銘教授的研究也顯示震央附近的地動主要頻率約在 1.6～2.4Hz（週期 0.4～0.6 秒），對震央附近矮樓層的建築物較有危害，距離震央較遠處地動主要頻率較低（週期較長），可能對中高樓層建築物有較高的風險性。在此次九二一大地震所引起的破壞中，高層住宅建築物的災情相當慘重，造成眾多人員傷亡，主要損毀高層建築如表 2.1 所示。分析顯示，地表加速度愈大，建築物損壞愈嚴重。

　　檢視九二一地震近百棟嚴重損壞或倒塌的高層建築物中，多具軟弱底層、立面及平面不規則（2.1 節已說明），依據學者研究結果發現建築物底層柱、牆量太少，缺乏贅餘度為建築物受震瞬間倒塌主因之一，九二一地震發現眾多含騎樓、底層挑高或底層為開放空間的高層鋼筋混凝土（RC）建築結構，因底層軟弱而側傾、倒塌損壞，突顯出我國建築設計中，為求底層的停車場、開放空間或商業用途，柱量少、跨距過大以及底層隔間牆的壁量大大減少，造成軟弱底層的存在，加上建築物平面大都不規則，平移與扭轉耦合振動，因而導致軟弱層受力超過設計抗力而破壞。

　　根據內政部建築研究所針對九二一地震後全國建築物震害調查的受損建築物資料中，12～14 層樓的高層建築損壞棟數高達 181 棟，如表 3.1 所示。在台北市地區，12～14 層樓建築的損壞百分比為 27%，遠高於 1～3 層樓的 13%。相反地，在斷層附近的南投

表 3.1　九二一地震各縣市不同樓層建築物損害數量統計表

地　區	1F-3F	4F-6F	7F-11F	12F-14F	15F 以上	合　計
台北市	20	50	29	42	15	156
台北縣	76	97	29	67	69	338
桃園縣	1	4	2	2	4	13
新竹市	8	5	5	2	4	24
新竹縣	7	1	6	1	0	15
苗栗縣	345	2	1	0	0	348
台中市	65	14	9	17	6	111
台中縣	2506	228	45	31	15	2825
南投縣	4120	463	51	15	3	4652
彰化縣	120	20	5	2	5	152
雲林縣	141	10	2	2	1	156
嘉義市	1	0	1	0	0	2
嘉義縣	5	0	2	0	0	7
合　計	7415	894	187	181	122	8799

資料來源：建研所，1999。

表 3.2　九二一地震兩地區低高樓層建築物損害數量統計表

地　區	合計（A）	1F-3F（B）	L 低樓比例（＝B/A）	12F-14F（C）	H 高樓比例（＝C/A）
台北市	156	20	20/156 = 13%	42	41/156 = 27%
台中縣	2825	2506	6626/7477 = 86%	31	46/7477 = 0.6%
南投縣	4652	4120		15	

及台中縣地區，1～3 層樓低矮建築的損壞百分比為 86%，遠高於 12～14 層樓的 0.6%。如表 3.2 所示。

　　地震過程中，對建築物破壞的方式有兩種，直接坐落在斷層帶上的破壞以及強烈地面振動引起的破壞。地面振動引起的建築物破壞與該地震能量集中所在的顯著週期有關。顯著週期較低區域（約週期 0.5 秒以下）對低層房屋較具破壞性，例如斷層附近如南

投、名間、大里、霧峰、東勢等地區。如圖 3.21。另具有地震的
顯著週期是長週期的地區，將引發高層建築物的大位移及高速度
反應，由這些地區測站強震紀錄的顯著週期多為 1 秒左右，對照
此次地震受災大樓的高度大都為十二層之建築，其基本震動週期
約 1 秒，因地震能量主要集中的顯著周期與建築本身的基本震動
週期極為相近，因而產生共振效應而受損嚴重。這些大樓破壞的原
因為一樓軟弱層而導致全面崩塌，由於一樓為開放空間設計或挑高
型，柱量少，少牆壁，結構支撐不足，穩定度低，而二樓又有大量
的牆壁，故一樓底層形成軟弱層，在勁度及強度均較上層低，地震
時，先在一樓柱子產生破壞後，大樓因而全面塌陷。如圖 3.22 及
圖 3.23。

圖 3.21　斷層附近顯著週期較低區域（約週期 0.5 秒以下）對低層房屋較具
　　　　破壞性。（俞錚皞提供）

圖 3.22　因一樓底層軟弱層以及地震能量主要集中的顯著週期與建築本身的
基本震動週期相近產生共振效應而倒塌。（俞錚皞提供）

圖 3.23　因一樓底層軟弱層以及地震能量主要集中的顯著週期與建築本身的
基本震動週期相近產生共振效應而倒塌。（俞錚皞提供）

3.4　強震地動的特性 － 最大值、持續時間、顯著週期

　　地震災害的大小與受災地區的人口密度、經濟建設、建築設計、型態及使用方式等有關外，更與地震地面振動的特性有直接關係，此強震地動特性可概括為三部分：振動幅度（振幅）的大小、振動持續時間的長短和振動頻率內涵的高低（或顯著週期的長短）。

　　影響上述地震地面振動特性的主要因素有震源因素（地震規模、斷層型態及其破裂過程）、地震波傳遞路程因素（聚焦效應、波全反射效應、波衰減效應）、和場址因素（軟弱地層的放大效應）等。例如，根據過去的研究成果，軟弱地層會將特定頻率的地震波放大，使得地面振動加劇，造成建築物的破壞。此地層放大地震波的效應，在土地使用規劃及建築設計必須加以考慮。此外，盆地亦可能有地震波聚焦的現象發生，使地振動加大，增加災害的可能性。

　　在九二一地震前，臺灣地區已設置全球最密集的強地動觀測網，並收錄了九二一主震及其餘震等上萬筆的強震記錄，分析這些資料可進一步了解臺灣各地區的地動特性，了解地震波傳、土壤放大效應，進而研究強震對建築物的影響及修訂全台各地區結構設計地震力大小。如專欄二之「台灣地區震區劃分圖」的震區水平加速度係數圖，即是內政部營建署依九二一強震資料於民國 88 年 12 月修正台灣地區建築技術規則耐震設計的結果。

　　建築物會不會倒塌，主要的關鍵在於受到地震能量作用的多寡，如超過建築結構本身所能吸收的能量，則發生崩塌破壞，而建築物所受地震能量如何計算呢？可視為建築物所受地震力與建築物搖晃位移量兩者乘積在震動時間累加總和的結果。上述地震力為建築物質量乘以加速度，因此較重建材的房子如受到愈大加速度的作

用則產生的地震力就愈大。另一項建築物搖晃位移量則是與加速度及振動搖晃的時間有關,一般而言,加速度愈大或振動搖晃的時間愈長則建築物搖晃位移量就愈大。另一個影響建築物搖晃位移量的因素就是振動頻率內涵(或顯著週期)是否會與建築物基本震動週期相近而產生共振效應繼而放大建築物搖晃位移量。因此綜合以上所述,簡單的說,加速度、振動搖晃時間與振動頻率內涵就是影響建築物會不會倒塌的三項重要因素,下面我們以九二一地震兩組實例資料來比較說明強震地動的區域性特性以及建築物損壞型態的差異。

一、南投(名間)測站與日月潭測站

　　九二一地震總共有兩個測站的加速度紀錄超過 1 個重力加速度(1G=980gal),也就是南投(名間)測站(編號 TCU129)與日月潭測站(編號 TCU084),這兩個測站加速度紀錄(如圖 3.24)的振幅都很大、振動持續時間都很長,但振動頻率內涵卻有很大的差異,對破壞的建築型態也不同。兩個測站的加速度頻譜紀錄與比較分別如圖 3.25 及圖 3.26 所示。

　　日月潭測站的震央距離為 9 公里,地表最大加速度是 989gal(1gal = 1cm/sec^2),南投(名間)測站的震央距離為 13.5 公里,地表最大加速度是 983gal,一般度量強震振動時間的長短有兩種方式,一種是相對方式,是採計算能量區段從 5% 到 95% 此 90%區間的時間長度,另一種是絕對方式,是採加速度值大於 50gal 的時間長度。一般房屋在受到地表加速度值大於 50gal 的地震侵襲就有可能受到損壞,因此在此我們採用絕對方式來計算強震振動的時間。由圖 3.24 可計算出南投(名間)測站的強震振動時間為 37秒,日月潭測站的強震振動時間為 35 秒。由圖 3.25 顯示南投(名間)測站的顯著週期為 0.2 至 0.3 秒,日月潭測站的顯著週期為0.8 至 1.1 秒,圖 3.26 顯示週期在 0.35 秒以下南投(名間)測站有較高的頻譜值,0.35 秒以上日月潭測站有較高的頻譜值。因此在

南投名間及日月潭地區在此夠大加速度，且搖晃震動時間夠久，自然引發的破壞就很慘重，但顯著週期不同損壞的型態也就不同，南投（名間）測站附近以大量低矮一至三層的房屋倒塌為主要的破壞型態，日月潭附近則以九份二山的大山崩為主。

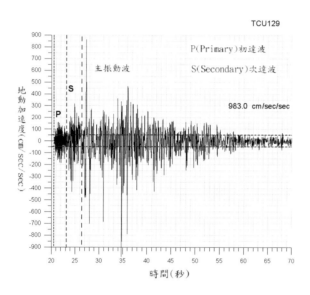

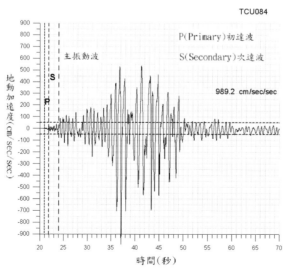

圖 3.24　南投（名間）測站（編號 TCU129）與日月潭測站（編號 TCU084）兩個測站的加速度紀錄，最大地表加速度都超過 1 個重力加速度。

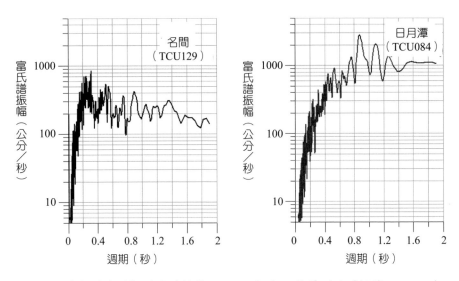

圖 3.25　南投（名間）測站（編號 TCU129）與日月潭測站（編號 TCU084）
　　　　兩個測站的加速度頻譜紀錄（橫軸為線性軸），兩者的顯著週期不同。

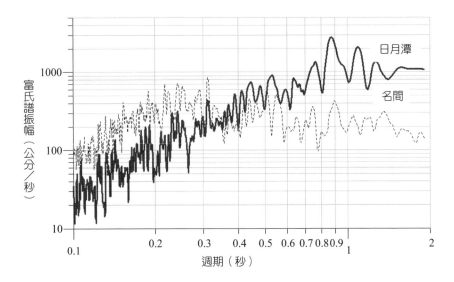

圖 3.26　南投（名間）測站（編號 TCU129）與日月潭測站（編號 TCU084）
　　　　兩個測站的加速度頻譜紀錄比較（橫軸為對數軸），兩者的顯著週
　　　　期不同。

二、南投（名間）測站、台中測站與台北測站

　　接下來，我們比較南投（名間）測站、台中測站（編號 TCU082）與台北測站（編號 TAP003）三個測站的加速度紀錄。南投（名間）測站的加速度紀錄如圖 3.24 外，另兩個測站加速度紀錄及加速度頻譜紀錄分別如圖 3.27 及圖 3.28 所示。三個測站振動的振幅、振動持續時間以及振動頻率內涵都有差異，對破壞的建築型態也不同。三個測站的加速度頻譜紀錄比較如圖 3.29 所示。

　　南投（名間）測站的震央距離為 13.5 公里，地表最大加速度是 983gal，台中測站的震央距離為 35 公里，地表最大加速度是 221gal，台北測站的震央距離為 150 公里，地表最大加速度是 127gal，在此我們採用絕對方式來計算強震振動的時間。由圖 3.24 及圖 3.27 可分別計算出南投（名間）測站的強震振動時間為 37 秒，台中測站的強震振動時間為 25 秒，台北測站的強震振動時間為 15 秒。由圖 3.25 及圖 3.28 顯示南投（名間）測站的顯著週期為 0.2 至 0.3 秒，台中測站的顯著週期為 0.5 和 1.6 秒，台北測站的顯著週期為 1.2 至 1.4 秒，圖 3.29 顯示週期在 0.35 秒以下南投（名間）測站有最高的頻譜值，0.35 秒以上台中測站與南投（名間）測站有接近的頻譜值。1 秒以上台北測站與台中測站及南投（名間）測站有接近的頻譜值，即使台北測站的震央距離 150 公里遠大於震央附近南投（名間）測站的 13.5 公里，但是因為台北盆地沉積地層的放大效應，也會有相當接近（甚至更大）震央地區的頻譜振幅值，而對大樓造成破壞。由以上頻譜顯著週期的比較分析，更可以了解南投（名間）測站附近以大量低矮一至三層的房屋倒塌為主要的破壞型態，台中測站附近建築物的毀損以五樓的透天房子為主和十五層樓德昌新世界的重創。台北測站附近建築物的毀損則以十二層樓高左右的大樓為主，例如台北東星大樓及新莊博士的家的倒塌。

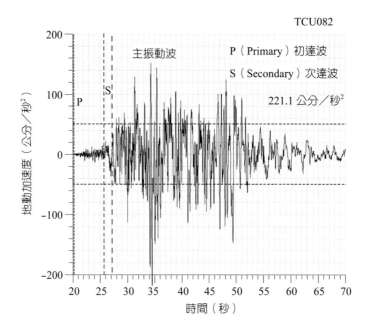

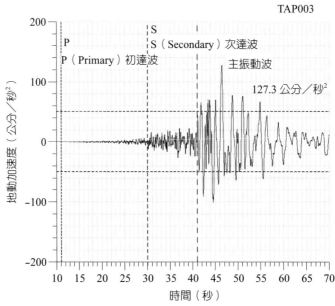

圖 3.27　台中測站（編號 TCU082）與台北測站（編號 TAP003）兩個測站的
　　　　加速度紀錄。

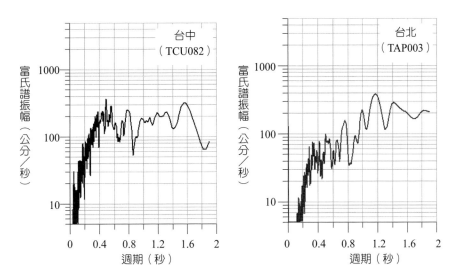

圖 3.28　台中測站（編號 TCU082）與台北測站（編號 TAP003）兩個測站的
加速度頻譜紀錄（橫軸為線性軸），兩者的顯著週期不同。

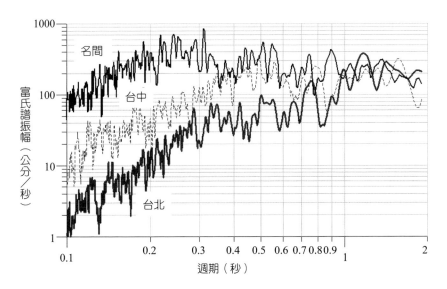

圖 3.29　南投（名間）測站（編號 TCU129）、台中測站（編號 TCU082）與
台北測站（編號 TAP003）三個測站的加速度頻譜紀錄（橫軸為對數
軸），三者的顯著週期不同。

專欄三

板塊運動─地震發生的動力來源

　　關於地震發生的動力來源，學者以板塊運動來解說。由地震波的觀測資料得知，地球的構造由地表往內，依次可分為地殼、地函及地核三層。但是如依板塊運動學說，以物質的強度及行為表現來分，地球的組成卻可分為岩石圈、軟流圈、中層圈及地核。在地表下約 200 公里的地函中，溫度與地函物質的熔點接近，產生熔化及流動的現象，稱為「軟流圈」。軟流圈以上的部分地函及更上方的地殼，岩層較堅硬且脆，稱為「岩石圈」，或是「板塊」。此板塊漂浮在高溫且具流動性的軟流圈上，而下部地函處的熱對流作用則牽引著板塊在軟流圈上漂移。相鄰的板塊因此互相碰撞擠壓，造成山脈海溝等地形地貌以及能量的累積和釋放而產生了地震。

　　全球共由七大板塊，以及多個分布其間的小板塊所組成。這七大板塊分別是歐亞大陸板塊、北美洲板塊、南美洲板塊、太平洋板塊、印澳板塊、非洲板塊及南極板塊。板塊的厚度不等，中洋脊下較薄約為 70 公里，在大陸地殼下可達 150 公里，平均厚度約為 100 公里。經由全球衛星定位系統的測量得知，各板塊間的相對移動速度每年約數公分。而台灣所處的歐亞大陸板塊與菲律賓海板塊間的移動速度高達每年 8.2 公分，大部分的地震、火山及造山運動便由於相鄰板塊的互相作用而發生。

　　地球上層的構造整理如下：

1.岩石圈：範圍包括地殼及地函上部，主要是由冷而硬的岩石組成，其厚度平均約為 100 公里。岩石圈也稱為「板

塊」，每個塊體有它自己的運動方向及速度。

2.軟流圈：指地殼下約一百公里深的範圍，是由黏度高的液體物質所組成，在高溫、高壓作用下而成可塑性，軟流圈因為熱力作用可產生對流運動，而岩石圈便是「浮」在軟流圈上移動。

3.中層圈：為軟流圈之下的固態地函下部。

板塊之間的接合及運動，形成的交界處主要有三種型態：

(1)分離型板塊交界處或稱為張裂型的板塊邊界：

代表地殼引伸拉裂的現象，在中洋脊處相鄰的兩板塊互相分離，而產生新的岩石圈，其材料來自地函的上部，係經熔融作用而產生。此邊界若出現在海洋地殼，即為中洋脊；若在陸地地殼上，即形成裂谷，如東非裂谷。地殼在這裡由於張力作用向兩側擴張延伸，沿著發散交界處常有地震發生，其震源深度多在 100 公里以內。

(2)聚合型板塊交界處：

在這交界處兩板塊相互碰撞，較重者插入較輕者之下方，使老的岩石圈消失而回到地函中，這插入的部分叫隱沒帶。西太平洋的日本、台灣、菲律賓等一系列海溝及島嶼，即屬歐亞大陸板塊及菲律賓海板塊相互聚合的結果。若相鄰的兩者同屬陸地地殼，則碰撞後常形成山脈；如喜馬拉雅山即為印澳板塊及歐亞大陸板塊聚合碰撞所形成。沿著隱沒帶其震源深度可從很淺到大約 700 公里。台灣花蓮附近為歐亞大陸板塊和菲律賓海板塊的聚合板塊交界處，所以地震非常頻繁。

(3)守恆型板塊交界處或稱為錯動型的板塊邊界：

不產生新的岩石圈也不使岩石圈消失，相鄰兩板塊彼此

在水平方向移動磨擦，而產生震源深度較淺的地震。台東縱谷斷層即為歐亞大陸板塊和菲律賓海板塊之守恆板塊交界處。

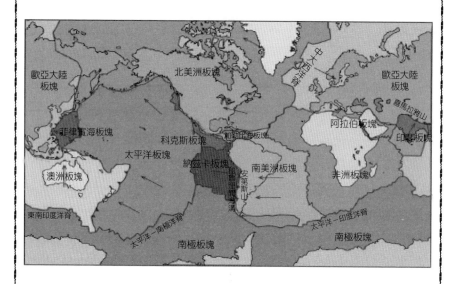

圖 3.30　全球板塊的分布；圖中箭頭為該板塊移動方向。

資料來源：中央氣象局

斷層類別與型態

　　斷層是指存在地殼中的破裂面，其兩側地盤有明顯的相對位移者。斷層錯動是地震發生的最主要原因，其發生次數最為頻繁且所造成災害的機會也最大，尤其是發生在陸地上的斷層錯動，更是造成災害性地震的最主要原因。

　　活動斷層的定義隨不同國家與地區及不同學者而有所不同。在台灣可根據經濟部中央地質調查所的標準來分類活動斷層，該所彙整台灣地區活動斷層資料，納入相關文獻，將活動斷層定義為更新世晚期（距今約十萬年）以來曾發生錯移之斷層。為提供不同使用者的需求，並將活動斷層依其最近之活動時期，區分為三類。第一類活動斷層為過去一萬年內有活動紀錄，第二類活動斷層為過去十萬年內有活動紀錄以及存疑性活動斷層。其中存疑性活動斷層是指有可能為活動斷層的斷層，包括對斷層的存在性、活動時代、及再活動性存疑者，其地形呈現活動斷層特徵，但缺乏地質資料佐證者。

　　當地層錯動而造成地震時，斷層兩邊的地層做相對的運動，相對運動實際上被一個面所區隔，此區隔面稱為斷層面。斷層兩側岩層依斷面傾斜角度將兩側岩層分為上盤及下盤，斷層的類型以兩側岩層相對移動而定。基本上可分為三種型態：

　　1.正斷層：上盤對下盤相對向下滑動，是由張力造成的。

　　2.逆斷層：上盤對下盤相對向上滑動，是由壓力造成的。

　　3.平移斷層或稱走向斷層：斷層兩邊的地層沿著斷層做水平方向相對運動，平移斷層又分為左移斷層和右移斷層。是由剪力造成的。

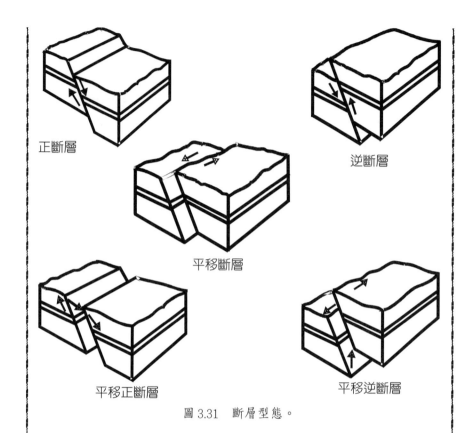

正斷層

逆斷層

平移斷層

平移正斷層

平移逆斷層

圖 3.31　斷層型態。

　　通常斷層不為上述三種典型的型態，大部分是混合的，可能由正斷層（或逆斷層）與平移斷層組合而成的斜滑斷層。地震發生後若能設法得到斷層的滑動形態，即可反推地殼應力的性質與分布。

活動斷層三種版本的演進與比較

（資料來源：經濟部中央地質調查所）

一、1998 年版本

第一類 9 條斷層，第二類 15 條斷層，存疑性 27 條斷層，共 51 條活動斷層。

二、2000 年版本

臺灣北部 11 條斷層，中部 10 條斷層，西南部 9 條斷層，南部 6 條斷層，東部 7 條斷層；其中屬於第一類 12 條，第二類 11 條，存疑性 19 條，共 42 條活動斷層。

三、2010 年版本

臺灣北部 8 條斷層，中部 8 條斷層，西南部 9 條斷層，南部 4 條斷層，東部 8 條斷層；其中屬於第一類 20 條，第二類 13 條，共 33 條活動斷層，另列出 4 條存疑性活動斷層。

活動斷層三種版本比較表

臺灣北部					
斷層編號與名稱					活動斷層分類	斷層型態
1998 年版		2000 年版		2010 年版		
1	金山斷層	1	金山斷層	距今 40 萬年前以來未有活動跡象		
2	崁腳斷層	錯移中新世地層				
3	台北斷層	錯移中新世地層				
4	新店斷層	錯移中新世地層				
		2	山腳斷層	1	山腳斷層	二	正移斷層
5	南崁斷層	3	南崁斷層	斷層的位置與特性不確定，暫列為存疑性活動斷層		
6	楓樹坑斷層	斷層兩側岩層連續				
7	雙連坡斷層	4	雙連坡斷層	缺乏岩層錯動的地質證據，改為「雙連坡線性」		

8	楊梅北斷層	斷層兩側岩層連續				
9	楊梅南斷層	5	湖口斷層	2	湖口斷層	二	逆移斷層
10	大平地斷層	6	大平地斷層	尚未發現更新世晚期的活動證據，改列為存疑性活動斷層		
11	新竹斷層	7	新竹斷層	3	新竹斷層	存疑性→二	逆移斷層兼具右移性質
12	香山斷層	斷層兩側岩層連續				
13	新城斷層	8	新城斷層	4	新城斷層	二→一	逆移斷層
14	柑子崎斷層	斷層兩側岩層連續				
15	竹東斷層	9	竹東斷層	尚未發現更新世晚期的活動證據，暫列為存疑性活動斷層		
16	斗煥坪斷層	10	斗煥坪斷層	尚未發現更新世晚期的活動證據，暫列為存疑性活動斷層		

臺灣中部

斷層編號與名稱						活動斷層分類	斷層型態
1998 年版		2000 年版		2010 年版			
17	獅潭斷層	11	獅潭斷層	5	獅潭斷層	一	逆移斷層
18	神卓山斷層	12	神卓山斷層	為斷續出現的裂縫與小型斷層所組成，並未錯移地層		
19	三義斷層	13	三義斷層	6	三義斷層	二→一	逆移斷層
20	大甲斷層	14	大甲斷層	7	大甲斷層（北段）	二→一	逆移斷層
21	大甲東斷層	15	鐵砧山斷層	8	鐵砧山斷層	二→一	逆移斷層
22	屯子腳斷層	16	屯子腳斷層	9	屯子腳斷層	一	右移斷層
23	清水斷層	17	清水斷層	併入大甲斷層，為大甲斷層（南段）		
24	橫山斷層	併入鐵砧山斷層				
25	彰化斷層	18	彰化斷層	10	彰化斷層	存疑性→一	逆移斷層
26	員林斷層	併入彰化斷層				
27	田中斷層	併入彰化斷層				
28	車籠埔斷層	19	車籠埔斷層	11	車籠埔斷層	一	逆移斷層
29	新社斷層	階地崖（與大甲溪平行），斷層兩側岩層連續				
30	大茅埔－雙冬斷層	20	大茅埔－雙冬斷層	12	大茅埔－雙冬斷層	存疑性→一	逆移斷層

臺灣西南部

斷層編號與名稱						活動斷層分類	斷層型態
1998 年版		2000 年版		2010 年版			
		21	九芎坑斷層	13	九芎坑斷層	存疑性→二	逆移斷層
31	梅山斷層	22	梅山斷層	14	梅山斷層	－	右移斷層
32	大尖山斷層	23	大尖山斷層	15	大尖山斷層	－	逆移斷層兼具右移性質
33	木屐寮斷層	24	木屐寮斷層	16	木屐寮斷層	存疑性→二	逆移斷層
34	六甲斷層	25	六甲斷層	17	六甲斷層	存疑性→一	逆移斷層
35	觸口斷層	26	觸口斷層	18	觸口斷層	－	逆移斷層
36	新化斷層	27	新化斷層	19	新化斷層	－	右移斷層
37	後甲里斷層	28	後甲里斷層	20	後甲里斷層	存疑性→二	正移斷層
38	左鎮斷層	29	左鎮斷層	21	左鎮斷層	存疑性→二	左移斷層

臺灣南部

斷層編號與名稱						活動斷層分類	斷層型態
1998 年版		2000 年版		2010 年版			
39	小崗山斷層	30	小崗山斷層	22	小崗山斷層	存疑性→二	逆移斷層
40	旗山斷層	31	旗山斷層	23	旗山斷層	存疑性→一	逆移斷層
41	六龜斷層	32	六龜斷層	近期的觀測結果顯示該區主要地殼變形集中於潮州斷層，故由活動斷層目錄中移除			
42	潮州斷層	33	潮州斷層	24	潮州斷層	存疑性→二	逆移斷層兼具左移性質
43	鳳山斷層	34	鳳山斷層	有線狀崖特徵，但並未發現斷層存在的地質證據，故由活動斷層目錄中移除			
44	大梅斷層	錯移中新世地層					
45	恆春斷層	35	恆春斷層	25	恆春斷層	存疑性→二	逆移斷層

臺灣東部

斷層編號與名稱						活動斷層分類	斷層型態
1998 年版		2000 年版		2010 年版			
46	美崙斷層	36	米崙斷層	26	米崙斷層	－	左移斷層兼具逆移分量
		37	月眉斷層	一些斷續的地形崖與小型斷層的總稱，可能在山麓沖積扇堆積前即已形成，而嶺頂斷層可能是海岸山脈向西向北運動所形成之前緣斷層			
				27	嶺頂斷層	二	左移斷層兼具逆移分量

				28	瑞穗斷層	一	逆移斷層兼具左移分量
47	奇美斷層	40	奇美斷層	29	奇美斷層	一→二	逆移斷層
48	玉里斷層	38	玉里斷層	30	玉里斷層	一	左移斷層兼具逆移分量
49	池上斷層	39	池上斷層	31	池上斷層	一	逆移斷層兼具左移分量
50	鹿野斷層	41	鹿野斷層	32	鹿野斷層	二→一	逆移斷層
51	利吉斷層	42	利吉斷層	33	利吉斷層	二	逆移斷層

4

下一個大地震前的準備
—有備無患

　　由上一篇九二一大地震的審視可看出民眾防災知識的缺乏和災害意識的薄弱，更無適當的防震措施，一位九二一集集地震的災民回憶說：餘震比主震搖得更厲害。地震時，大家半跑半爬著逃到屋外。地震停了以後，很多人就趕快再回到屋內去查看損失破壞情形。沒想到十多分鐘後餘震就來了，原來房子沒倒的這次搖晃後就倒了，人沒有逃出來，就被壓死在屋內，很多人都是這樣被餘震壓死的。為何主震沒事卻死在後來的餘震呢？其原因可能是房子在主震中已經受到嚴重的損壞，暫時沒倒，但在餘震中進一步受損而倒塌，若居民未留意仍留在房子內就會造成死傷。另外，也有可能是餘震距離較近，引起的震動反而較大所致。此狀況也會在海嘯中出現，海嘯引起的主要傷亡，往往是在第二波甚至是第三波。

　　地震防護減災知識的推廣應用可概括兩方面：地震防護及地震防災，地震防護方面，包括地震前、中、後注意事項及個人、家庭、學校、機關防護計畫。地震防災方面則有賴於各級政府擬定地震災害防救計畫災害之應變標準作業手冊，並建立縣市層級地區災害防救計畫範例，包括地震災損評估、規劃初期動員機制、避難警戒、避難收容、防救災道路規劃等。在本篇我們著重於地震防護方面，地震防護可以概分為地震前的準備、地震時的應變及地震後的處置三大部分。而臨震反應與震後避難疏散必須靠平時的準備與經常性的演練教育才能落實，才能在地震發生時極為短暫且驚慌混亂下，做出適時且有效的反應，而真正達到減災的效應。

　　本篇內容分為四個部分，第一部分為地震前的準備，涵蓋居家防護、地震緊急包的準備、學校及機關防護以及防護演習。第二部分為地震時的應變則包括預防火災的處理、避難處的選擇（室內及屋外）以及地震時的反應。第三部分為地震後的處置，主要是震後檢視、震後處理以及震後疏散。最後第四部分我們期許地震災害能

有效的降低減少。也另外在專欄四中探討了五個主題：「居家安全審視」、「學校地震防護計畫」、「避難處選擇的爭議」、「震後建物檢查」和「震後檢查相關單位的聯絡電話」。

4.1　地震前的準備

地震為不可避免的天災，為使人員的傷亡及財物的損失減至最少，平時必須有充分的準備。有關地震前的準備，包括下列四項：(1)居家防護，(2)地震緊急包的準備，(3)學校及機關防護，(4)地震防護計畫的行動演練以及專欄四之「居家安全審視」與「學校地震防護計畫」部份。

4.1.1　居家防護

居家防護本節著重於在家中物品擺設等注意事項，建築結構的居家安全審視方面請參見專欄四。地震前的準備，要有居家防震計畫來依循，為便於記憶，我們稱為「三重四得」（取諧音三從四德）。所謂三重，即：

1.重物放低：笨重物品不架高，高懸物品綁牢緊。
2.重物拴牢：笨重家具（電熱爐、瓦斯桶、冷氣機、磁器）拴牢，櫥櫃門閂鎖緊。
3.重物固定：書櫥、書架、櫥櫃及酒櫃要固定在牆上。

四得，即：

1.得知救人、救火方式：知道急救箱（地震包）及滅火器的放置地點與使用方法。
2.得知水、電、瓦斯開關：知道知瓦斯、自來水、電源的位置及開關方式。

3.得知避難處：知道緊急的安全避難處（室內及戶外）。

4.得知防護計畫：知道地震的防護計畫及行動演練。

相關細節部分，說明如下：

在第一得方面，學習如何使用滅火器。了解地震緊急包的內容並隨時補充及更換。至於急難救助工具、地震緊急包（包括急救箱）的準備，我們在 4.1.2 中會詳加說明。

在第三得方面，室內及戶外安全避難處的地點選擇。室內部分，知道地震時家中最安全的地方，每一個房間都要事先找一個安全的地方。蹲在比桌面低的堅固桌子旁，或靠著沒有東西會掉落的內牆蹲下；雙臂保護頭及臉部。戶外部分，與遠地親友保持聯繫。地震隨時會發生，當地震發生時，家中成員可能會分散在不同地方，因此事先和家人共同決定安排在地震發生後重聚的時間、地點。依序列出兩個住家附近，走路就可到達的集合地點，如公園、學校、公家單位旁空地等，如在地震發生後，發現家裡沒有人或不安全，就可以到事先約定的集合地點去會合。另外，選定一兩個住在遠地的親戚朋友，做為連絡點；居住的距離以不會同時受到震災為原則。例如台北地區最好有中南部親戚的電話，反之亦然。家中成員都要將連絡點的電話號碼帶在身上，要是無法回到集合點，就和連絡點連繫，告知現況及所在位置等資訊。

在第四得方面，了解有關防護計畫，並分別告知緊急情況時各人的任務以及應採取的行動。每年練習蹲下、躲、握數次：蹲在比桌面低的堅固桌子旁，用雙手保護頭及臉部；若附近沒有堅固桌子，則遠離窗戶蹲在沒東西會掉落的內牆旁；保護頭及臉部。每半年就和家人模擬一次防震逃生演練，以確保家人熟悉逃生要訣。至於地震的防護計畫及行動演練，我們在 4.1.4 會詳加說明。

4.1.2　地震緊急包的準備

地震前須準備地震期間個人所需要的緊急物資及家庭逃生工具。個人需要的緊急物資以放置於地震包為原則；地震包以各個臥室及出口處各一個為宜，在床邊的地震包可以因應睡眠間發生地震時所需要。另外，家庭所需逃生工具，例如鐵鎚，螺絲起子，長鐵棒、滅火器等，以放置於陽台為宜。地震後，房門、緊急逃生門，可能因地震產生變形而無法打開，造成逃生的困難，這時家庭逃生工具就可派上用場。

地震包應該在工作場所也有一份，如果有開車，則車上最好也放一份。以下是地震包必備物品清單（如圖 4.1）：

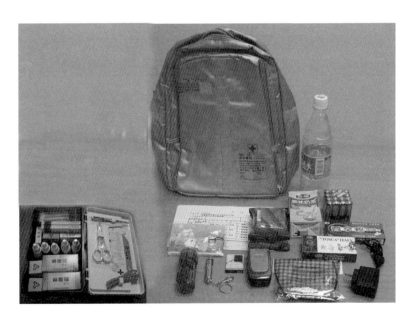

圖 4.1　地震包必備物品示意圖（必備物品內容詳如表 4.1）。

表 4.1　地震包必備物品清單

項目	內容
1.吃的喝的 （食物篇）	礦泉水、罐頭食品、餅乾、乾糧（注意使用期限，定期更換）。
2.穿的 （衣物篇）	手套、輕便雨衣、禦寒衣物（輕便外套、防水薄夾克）。
3.醫的 （急救箱篇）	用小包裝的方式匯集在小型急救包（箱）中。急救包（箱）中應準備雙氧水、紗布、繃帶、透氣膠帶、棉球、優碘、小剪刀、生理食鹽水、外傷用藥、OK 絆、止痛藥、消炎藥、小護士、棉花棒等。另外個人的常用藥：胃藥、慢性病藥等以及面紙等女性生理衛生用品。
4.用的 （緊急用品篇）	照明設備（如手電筒，含備用電池）、緊急發訊裝置（如閃光燈）、打火機（小心使用）、乾電池、現金、瑞士刀、開罐器、迷你收音機（備妥電池）、童軍繩索。
5.叫的 （聯絡設備篇）	攜帶式收音機、無線電、可用行動電話、求救器（如口哨、笛子、小鏡子）、口罩。
6.身分文件 （證明文件篇）	身份證影本、戶口名簿影本、緊急聯絡通訊簿（親朋電話）、緊急應變識別卡、保單影本與保單號碼。

　　上述用品中，手電筒可以在黑暗中有助於找到逃生路線或求救用。收音機則可以收聽有關地震的最新訊息，包括災區範圍，火災地點，或是救援物資發放地方等等。其他物品也都是很實用的應急必需品，但體積不能太大，以能裝入一個地震包為原則。

4.1.3　學校及機關、團體防護

　　學校及機關、團體是社會的基本單元和重要組成部分，其地震防護能力的提升，對地震災害的減輕至為重要。有關學校防護的部分請詳見專欄四之「學校地震防護計畫」。其他如公司、機關、團體的防護整理如下：

　　1.規劃有關地震緊急計畫，可分消防組、避難組、救護組、聯

絡組等小組。並分別告知緊急情況時各人的任務以及應採取的行動。

2. 辦公室及公共場所應定期檢驗防火和消防設備，注意使用期限。如有失效或損壞情形，應立即檢修。

3. 房屋安全檢查，每年辦理一次建築物安全檢查。

4. 公共建築內，要事先確認逃生出口及逃生器材位置。

5. 定期舉辦地震防護課程，廣泛宣傳教育，普及地震、防災減災等科普知識，提昇員工的防震意識和地震時的應變能力。

6. 定期舉辦公司團體防震避難演習，公司員工均應熟悉各大樓逃生路線及避難位置。

7. 建立守望相助精神，在緊急危難時互助、扶持。建立自衛編組，發揮自救救人精神。

透過教育、宣導及演練使大家都能充分了解採取各種地震反應的原因與方式，才能在地震中快速而正確的應變。實際演練地震反應的機會，提醒自己並熟練正確的反應觀念，一旦遭逢強烈地震時，較能維護自身安全，減少地震災害。

4.1.4　地震防護計畫的行動演練

正確的臨震反應與震後緊急疏散避難，是降低震災損失的重要關鍵。而這兩項行動的成功與否，則有賴於平時的地震緊急避難演習。可見地震緊急避難演習有其必要性，地震時受傷和死亡大都是因為墜落的物體和崩塌的建築物而引起的。如果在震動開始時我們知道如何保護自己，就可以保住自己的性命。在強烈地震中會因建築物嚴重毀損而造成人員傷亡，但在適當的應變處置之下，仍然可以有效地減少傷亡程度。在強震後建築物若已受損，可能會在短時間內，因為後續餘震的到來而使損壞程度更加嚴重，甚至崩塌，

所以人員必須在強震後緊急撤離至安全避難場所，才能保障生命安全。

在地震前我們就要擬定了家庭、學校、機關、公司及團體的地震防護計畫，也應準備好了地震緊急包，接下來就是要經常舉行防震避難演習，可分為定期與不定期方式。不定期方式是以配合實際發生的有感地震來實施，定期則每學期（或半年）舉辦乙次。透過防災演練使大家都能充分了解採取何種臨震反應，才能在地震中快速而正確的應變。地震時我們可能正在家裡、車上或戶外，也可能正在學校、百貨公司、戲院等人很多的地方，所要採取的臨震反應措施均不相同。讓師生、居民、員工檢驗校內、屋內或辦公室內的避難地點是否恰當，修正並找出最適合的避難地點。同時也要熟悉生活圈附近的區域避難中心。透過演練熟悉各種避難技巧與避難所位置及到達的秩序與行進路線，才能於地震時立刻做出正確的臨震反應，在短時間內不慌不亂的緊急疏散到達安全地點。

居家防震計畫我們在 4.1.1 已做說明，必須實際進行地震防護計畫的行動演練，找出每個房間最安全的位置，因為在地震發生時，有可能無法移動到別的房間。教導子女如何緊急關閉家中各種瓦斯和開關電源，並確保家中各逃生路線暢通。同時也要有撤離規畫，和家人一起討論從家中撤離的規劃，畫出家中各樓層、各房間的平面簡圖，並且實際地規劃每個房間離開的路線及第二條脫離路線，如果地震發生，必須在餘震發生前從受災區域撤離。事先的計畫與練習，將有所幫助，如圖 4.2。

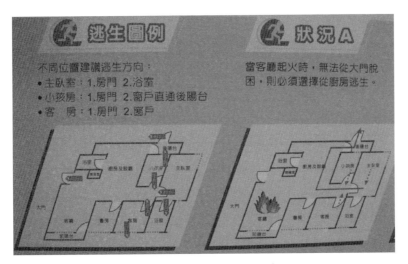

圖 4.2　地震家中各逃生路線撤離規畫示意圖。

資料來源：九二一地震教育館

　　學校地震防護計畫在專欄四會有詳盡說明，至於地震防護計畫的行動演練，尤其是人數眾多的學校更是必須加強演練。以美國為例，『聯邦災難防治總署』要求各級學校必須進行地震防災教育，並且每年至少執行地震緊急避難演習兩次。身處地震帶的我們更應重視地震防災教育，我國各級學校應在每學期舉辦地震緊急避難演習一次。有關學校在地震緊急疏散的準備與要求如下：

1.擬定全校緊急疏散計畫：學校必須根據各校教室、走廊、樓梯與操場等空曠地的環境條件，擬定全校緊急疏散計畫。包括疏散路線、疏散順序、秩序維護與指揮人員、第二疏散路線，繪製成圖供全校師生使用。

2.定期宣導與演習：老師包括導師及課任老師均需熟悉緊急疏散計畫才能充容指揮學生，為能達到有效率、有秩序的緊急疏散的要求，必須定期演練與宣導，以每學期演練一次為原則，如開學日為固定的宣導與演習時間。

3.主管單位督導考核：主管單位應將全校緊急疏散計畫列為督
　導重點。並將地震防災教育列為每學期的必備課程，確實落
　實地震防災教育。

4.2　地震時的應變

　　對於地震發生時的應變，地震時切勿恐慌，首應保持鎮定；在
室內者應立即熄滅火種，預防火災發生；然後再進一步選擇安全的
避難處，避開危險區域，而且不同的地點有不同的反應方式。因此
我們細分下列三點來說明：1、預防火災的處理，2、避難處的選
擇（室內及屋外）以及 3、地震時的反應。

4.2.1　預防火災的處理

　　地震時如果選擇就地躲避，則首先要做好預防火災的處理，即
使是被壓住或困住了，無法立即逃生，但還有機會等待救援人員的
救助而不會被衍生的火勢燒死、嗆死或烤死。在地震所引起之二次
災害中，以火災最為可怕了。地震時因劇烈的地面振動，會使瓦斯
管斷裂或是使瓦斯桶傾倒、電線鬆斷，外洩的瓦斯若碰上電線走火
或火爐、瓦斯爐移位，以致於引起火災。同時也因地面振動使水管
破裂，而無水源可救火，倘若地震發生於人口密集的住宅區，火
勢將一發不可收拾，迅速蔓延，造成極大的人員傷亡與財產損失
（圖 4.3）。

圖 4.3　地震引發火災。

資料來源：中央氣象局

　　地震所造成的災害主要在於房屋倒塌、以及地震所引起的火災，歷史上在世界各地所發生的大地震中，曾引發重大的地震火災災害，則要屬 1906 年的美國舊金山大地震與 1923 年的日本東京大地震了。上述地震中，超過 90% 的建築物損毀是由火災所引起的。1906 年舊金山大地震發生於清晨，起初只有零星的火災，震後四小時，一名婦人起火作早餐，因而引發了大火。隨後火勢因強風而迅速延燒擴及全市，加上缺水，無法應付竄燒的大火，只見舊金山市區陷入一片火海，大火延燒 3 天，燒毀了近 3 萬棟房子，使 20 萬人無家可歸，舊金山市幾乎全毀。可以說災情是起因於地震，卻毀於火災。

　　第二個例子就是 1923 年日本關東大地震，當時東京地區大多是木造房舍，地震剛好發生在中午，正值做飯時間，結果強震引發火災，自來水管又被震破，加上強風吹煽，形成一片火海，大火

直燒至第二天早上才熄滅，東京地區有三分之二的房舍被燒成灰燼，總計燒毀 30 萬棟房舍，死亡人數約 14 萬人，有一半以上死於火災，無家可歸者更達 200 萬人。最近的例子則是 1995 年日本阪神大地震，所引起的火災事件就高達 550 件以上。因為房屋倒塌造成未關閉的瓦斯爐傾倒或是瓦斯管線斷裂而起火，另外，房屋或電線桿傾倒也造成電線走火而引發火災。此外，自來水管線和電線被地震破壞，造成缺水無法搶救火災。交通也因地震毀損而阻礙難行，無法救援。

在台灣地區，則以 1964 年白河地震造成嘉義市大火最引人注目；白河地震發生在晚上八點四分，嘉義市的震度五級，由地震直接造成的損害並不大，僅有老舊的木造房屋傾斜、樑柱折斷，鋼筋混凝土建築物中僅有一棟三層樓房倒塌，其他並無顯著的災害。但地震後立即在嘉義市鬧區中引起大火，中山路、中正路、光彩街、文化街、國華街一帶形成一片火海，並延燒至隔天凌晨，焚燬房屋達 174 戶。

由上述歷史上的大地震顯示，火災所造成的災害比地震震動所造成的要更慘烈。因此我們特別強調地震發生時首先要熄滅火種。針對各項有關瓦斯外洩及火災之減災工作的要項說明如下：

1. 強化民眾防火、避火及救火的觀念。例如煙囪或瓦斯管線如果已破損，就不要使用來煮食，以免引起火苗。

2. 因應地震所造成的瓦斯外洩及火災，各區域應對滅火及瓦斯外洩、火災搶救等事項預作妥善的準備。

3. 滅火及火災搶救：

   (1)家庭、學校、機關及公司團體等，平時就應整備各種滅火所需的裝備、器材及資源，並定期實施演練。

   (2)強化義消及社區災害防救組織的編組與訓練。

(3)瓦斯及電力公司要有災害防救計畫，一旦民眾發現瓦斯外洩通知處理時，應立即斷絕瓦斯或電力來源以利救災。

(4)加強充實消防機關之消防裝備及器材；加強各種水源之運用，務求消防水源多樣化及適當配置。

4.2.2　避難處的選擇（室內及屋外）

對於地震發生時的應變，不論身處何處，室內或戶外，大街或郊外，都應立即選擇一安全的避難處，避開危險區域，趨吉避凶。本節即是要探討何處是安全的避難處，哪裡又是危險區域。

地震時很難找到可以保護自己而且絕對安全的地點，但是在相對安全的地點避難，一定可以大大減少傷亡的發生。有一些原則可以讓我們找到相對安全的地點，先談室內的避難原則：

1.堅固桌子的旁邊，大柱旁、牆角、樓梯旁。理由是避免被掉落的物品打傷，這些地點可以躲避吊燈、破碎玻璃、傾倒的櫥櫃等掉落物的傷害，形成一個三角形的避難空間。

2.衛生間（大樓家中廁所）等承重牆較多，跨度較小的地方，注意避開外牆體等薄弱部位。如圖 4.4 所示。

接下來，我們再來探討屋外的避難原則。地震來時要不要衝到屋外？由於每個人所處空間的情況不同，會有不同的考量與反應，有一些原則可決定逃生方式。通常在一樓的人比較有可能逃至戶外，如果戶外有空曠地，例如公園，或身處學校的一樓教室，外有空地，這時可選擇逃至戶外。但如果在都會區大樓的一樓，要衝過騎樓，逃至屋外，則要考慮招牌、花盆掉落的危險以及會不會有車輛衝出，人行道的空間夠不夠大以避開大樓掉落的東西。通常二樓以上的人比較沒有可能逃至戶外，只能就地避難。

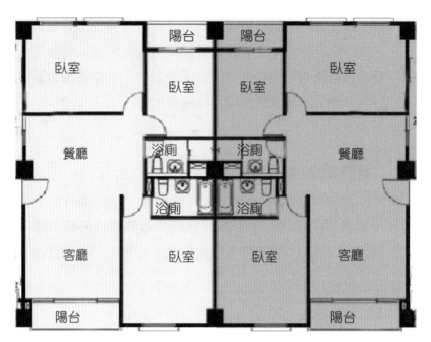

圖 4.4 　大樓內之衛生間是承重牆較多的地方，為室內相對安全的避難地點之一。

　　如果你待的地方是有潛在危險的，這時要儘量放低身子，緩慢移動到安全的地方。至於哪裡是危險區域，彙整如下表：

表 4.2　地震危險區域彙整表

分　類		危險地點及注意事項
室內	1.家裡	1.天花板及其懸掛物下，如燈具、電風扇等之掉落。 2.化學藥品櫃、書架旁。 3.書櫃、壁櫃等易傾倒的家具旁。 4.鏡子、掛畫等易掉落的吊掛物下。 5.玻璃門窗等易碎物體旁。 6.薄隔間牆的旁邊。
	2.學校 (1)教室 (2)體育館 (3)圖書館 (4)實驗室	
	3.辦公室	
戶外	1.危險建築旁 2.街上 3.郊外	1.老舊木造、磚造房子的店街上，注意房屋倒塌。 2.注意東西掉落，如屋瓦、玻璃碎片、招牌、霓虹燈、盆景、高樓大理石鋪面、磁磚、冷氣機等。 3.電桿、圍牆倒下、垂落地面的電線。 4.加油站、建築工地、瓦斯管線旁。 5.天橋、高架橋、公車亭、交通號誌下。 6.海邊、海灘、港口，儘快往高地移動，以防海嘯。 7.崖邊。
出口	公共場所 1.戲院 2.百貨店 3.地下街 4.餐廳	1.注意人潮將爭先恐後擠向出入口，避免遭人踐踏踩傷。 2.進入此類場所前，先留意緊急避難出口及逃生安全門位置和避難路線。以免盲從無法逃生。
電梯		1.不可搭乘電梯，因為地震時，有可能損害電梯纜線和其它機件，讓電梯失靈或急速下墜，造成人員傷亡。 2.會有餘震，即使電梯恢復運作，也最好一段時間不要乘坐。

　　總之，要減少地震所發生的災害，除了建築結構應加強外，人人要有防震的知識，避開危險區域，才能使損害減到最低程度。

4.2.3　地震時的反應

　　地震發生時，保持鎮定，正確的反應與防護是保證生命安全，減少人員傷亡的關鍵。通常造成危險的是強烈的近震。近震常以上

下振動開始，振動幅度較為明顯，應迅速逃生或避難。逃生或避難
應先後遵循的幾個原則，說明如下：

1. 保持鎮定，判斷地震大小及遠近（由第一篇的防護知識來
   判斷）。

2. 決定戶外逃生或室內就地躲避。

   當你身處的空間或建築物已經傾斜或是牆面發出聲響時，就
   必須儘快往外逃生。因為，建築物傾斜表示結構已經被破
   壞，無法支撐原有的重量，而牆面會發出聲響，也代表牆面
   受損，一旦牆面碎裂，整個建築物會倒塌。

3. 戶外逃生勿慌張進出建築物，除非有逃生的時間以及立即的
   危險，否則不要跑出室外。

4. 室內就地躲避：

   (1)火的處理：先關閉爐火、瓦斯、使用中的電源如電熨斗，
      烤麵包機等電器用品，立刻拔掉插頭以防止火災。如有起
      火情形，迅速滅火。

   (2)如時間許可，也立刻將門窗打開，以免地震過後門窗扭曲
      變形，無法開啟逃生。

   (3)備好地震緊急包尋找堅固庇護點，如堅實的傢具旁、樑柱
      之角隅或牆角，以軟墊或雙手護頭，身體姿勢放低，避免
      被碎玻璃如窗戶、鏡子或是懸掛物品、其它高處掉落的碎
      裂物擊中。至於是躲在桌子底下或桌子旁的爭議，我們在
      專欄四之「避難處選擇的爭議」中會有詳細的說明。

   (4)主震過後，應迅速撤至戶外，離開危險區域，高層人員應
      盡量避免乘坐電梯。注意安全門、出口樓梯人群擁擠所造
      成的傷害。

   強震襲擊前的振動時間通常不超過數秒鐘，由九二一強震紀錄
顯示，水平向劇烈搖晃前的上下振動時間只有五、六秒左右，緊接

著三十多秒的劇烈震動卻造成了巨大的災害，因此地震來臨時，逃生的動作要快。另外，樓房倒塌的情況有一大部分是發生在一樓，因此，位在一樓的人員應即時做戶外逃生，但要注意騎樓，因為騎樓往往是建築物中最脆弱的部分，此外，還要考慮招牌、花盆、玻璃掉落砸到的危險。至於中高樓的住戶，平時就應事先找好合適的避難地點，以免地震時不知所措。

　　地震時我們可能正在家裡、辦公室、車上、海邊或山上，也可能正在學校、百貨公司、戲院等人很多的地方，所要採取的臨震反應措施均不相同。學校的部分在專欄四之「學校地震防護計畫」中會有詳盡說明，其他不同的地點有不同的應變方式，彙整如下表：

表 4.3　地震發生時，不同地點的應變方式

地　點		採取反應
室內（家裡或辦公室）	一樓	盡速跑到室外空地上避難，注意騎樓，因為騎樓往往是建築物中最脆弱的部分，此外，還要考慮招牌、花盆、玻璃掉落砸到的危險。如在木造、土造、磚造等老舊建築的房子內，要盡快逃出。
	二樓以上樓層	(1)火的處理：先關閉爐火、瓦斯、使用中的電源如電熨斗，烤麵包機等電器用品，立刻拔掉插頭以防止火災。如有起火情形，迅速滅火。 (2)如時間許可，也立刻將門窗打開，以免地震過後門窗扭曲變形，無法開啟逃生。 (3)備好地震緊急包尋找堅固庇護點，如堅實的傢具旁、樑柱之角隅或牆角，以軟墊或雙手護頭，身體姿勢放低，避免被碎玻璃如窗戶、鏡子或是懸掛物品、其它高處掉落的物品擊中。 (4)主震過後，應迅速撤至戶外，離開危險區域，高層人員應盡量避免乘坐電梯。注意安全門、出口樓梯人群擁擠所造成的傷害。 (5)遠離窗戶、玻璃，以防玻璃震破割傷。 (6)避開重大書櫃、衣櫥、酒櫃、吊燈、玻璃門窗與櫥窗等不穩或易碎傢俱。 (7)正在睡覺被震醒時，馬上滾到床下，躺在床邊，以軟墊護頭，身體姿勢放低，避免被衣櫃擊中。

地　　點		採取反應
室外		(1)站立於空曠處。 (2)注意頭頂上方可能有招牌、盆景、冷氣、窗戶、磁磚等掉落。 (3)遠離興建中的建築物、電線桿、圍牆或其他可能倒下的物體、未經固定的販賣機等。 (4)若在陸橋上、下方或地下道，應鎮靜迅速地離開。 (5)遠離建築物、斜坡及架設電線下方等地方。 (6)避免聚集在高層建築及高壓輸電線下方。
學校	校舍教室內	(1)一樓校舍內盡速跑到室外空地上避難，注意花盆、玻璃掉落砸到的危險。 (2)於二樓以上的較高樓層，先躲避在課桌椅旁，背向窗戶，並用書包保護頭部，勿慌亂衝出教室。 (3)若在走廊或樓梯上，則先就地蹲下，護著頭。 (4)注意天花板及其懸掛物，如燈具、電風扇等之掉落。 (5)遠離鏡子、掛畫等易掉落物品的區域。 (6)圖書館遠離書櫃、書架、壁櫃。 (7)實驗室遠離化學藥品櫃。 (8)不可搭乘電梯。
	校舍外	戶外（如操場）的人應遠離建築物、斜坡及架設電線下方等地方。
公共場所	百貨公司、商店、餐廳、大賣場、KTV	(1)保持鎮定，就地避難，不爭先恐後，冷靜尋找出口，以免被人群推擠踐踏造成傷害。等到地震過後再由安全門、出口樓梯依序離開現場。 (2)遠離展示櫃或其他可能掉落物體。 (3)餐廳或咖啡廳內，提防掉落物品，躲在堅固餐桌旁，雙手抱頭，避免被掉落物品擊傷。 (4)KTV內，迅速打開包廂門，以防門變形被困住。 (5)百貨公司內迅速遠離非結構性潛在危險物：玻璃櫥櫃、吊燈、吊飾、置物櫃、畫框、裝飾品等。 (6)如發生火災，注意聽從廣播的指示，依照火災逃生原則疏散逃生。
	體育館、電影院	(1)在面積廣闊且中間沒有樑柱的空間（電影院或體育館）時，不要搶著擠出逃生門，有可能沒有被地震壓死，反而被人家踩死。 (2)最好貼緊牆壁，尤其是接近主樑柱的牆壁，因為天花板崩塌，由於牆壁和樑柱的支撐作用，有機會形成一個三角形的口袋空間保護你。 (3)不在牆壁邊則待在位子，就地躲避，把身子放低，以手護住頭部，等待逃生機會。

地　點	採取反應
電梯（升降機）	(1)疏散時使用樓梯，地震時電梯可能會停電，也可能變形，或是機械受損而無法運作，切勿搭乘電梯，以免受困。 (2)電梯內乘客應盡快離開。萬一被困在電梯內，要保持冷靜，利用對講機與管理人員聯繫，並依照指示等待救援。
車上 — 開車	(1)行駛中的車輛，由於地面搖晃（震度在五級以上），駕駛人難以掌握方向盤，很容易造成車禍，應減緩車速，慢慢停下，靠邊停放。勿緊急剎車，以免後車追撞。 (2)若行駛於高架橋上，應小心迅速駛離。 (3)別停在任何建築物、大型招牌或大樹底下。 (4)別停在橋上或高架橋上。 (5)注意路面是否破損或突起，或是路上有任何危險障礙物。 (6)避開陸橋、電線桿和其他可能傾倒的物體、建築物。留在車上等待震動停止。 (7)打開收音機收聽地震消息，確認地震是否造成交通中斷、交通管制、或是交通阻塞，再考慮下一步動作。
車上 — 坐車	(1)車上乘客發現火車或公車搖晃得很厲害（震度五級以上），公車乘客應趕緊蹲下，抓緊柱子或把手，以免身體被摔出而受傷。 (2)火車上乘客，以雙手或以皮包抱頭，趴低在座位上。 (3)行駛中車輛應在安全情況下停下，乘客應留在車廂內直至地震停止。 (4)火車和公車會慢慢停下來，在火車內的乘客不要急著逃出火車，因為鐵軌上可能更危險，應冷靜判斷情況，或聽從車內廣播再採取行動。公車內的乘客由車門或逃生門疏散到安全地方
隧道內	(1)如開車未受困，應小心駛離隧道。 (2)如車子受困，則在安全的情況下徒步離開到空曠的地方。
電線桿旁	(1)注意頭頂上方有無會掉落下來的電線設施。 (2)不要觸摸斷落的電線。 (3)如發現倒下的電線桿，要趕快通知電力公司。 (4)在有危險地方，用紅布作標誌插掛在明顯地方，警告他人。

地 點	採取反應
郊外	遠離崖邊、河邊、海邊，找空曠的地方避難。
山上	(1)不可躲在山崖附近。 (2)如在山區要注意山崩和滾石，可尋找地勢較高處躲避。
海邊	(1)沿海居民應疏遷至高地以防海嘯。 (2)儘速遠離海岸線，向高處逃生，因為地震有可能會引起海嘯，並且可能在十分鐘至數十分鐘來襲。而且不只一波，有時第二波比第一波更危險，要持續戒備二個小時。
水庫下游地區	應防水庫崩塌所引起之洪水。

4.3 地震後的處置

對於地震發生後的處置，地震發生後可能會有人員受傷或受困、房屋倒塌、火災等等的狀況，而且不同的震災有不同的處置方式。因此我們細分下列三節來說明：1、震後檢視，2、震後處理以及 3、震後疏散。

4.3.1 震後檢視

地震發生後必須檢視的一些事項：

1.檢視自己及家人有沒有受傷。

2.四下查看，如有小火苗竄出，盡快撲滅它，以免釀成火災。

3.檢視周遭有無人員受困或受傷需要幫助、照顧的人，如有必要，應施予急救。

4.檢查水、電、瓦斯管線有無損害，如發現有損壞，關閉震壞的瓦斯、電源、水管總開關，瓦斯外洩時應小心輕輕打開門窗，不可使用任何電器或點火，以免引燃。立即離開並通知事業機關派人檢修。

5.在夜間不要點火或開電燈，用手電筒照明。

6.檢查屋內大型傢俱、吊燈、擺設是否鬆動；屋外招牌、冷氣機、盆栽鐵架是否牢固。

7.檢查建築結構是否有損壞，如果房子已經受損，儘速離開受損建築物，不要讓家人停留在屋內。因為地震後的餘震會繼續破壞結構受損的房子而產生倒塌，至於如何檢查建築物受損情況，在專欄四之「震後建物檢查」中會配合圖示詳加說明。專欄中震後自主檢查項目，主要參考臺北市政府工務局所頒訂的自主檢查表作逐項檢查。震後檢查相關單位的聯絡電話請參見專欄四。

4.3.2　震後處理

　地震後，盡量避免靠近電器、煤氣管道、廚房等容易引起火災的地方，如果能靠近有水源的地方會比較好。如果受困，空間夠大，可製造聲音，引起救援人員的注意，但是要小心餘震造成的危險，如果空間較小，應該盡量放鬆自己，保持信念，以生存下去為第一目標，等待救援人員的到達。

　地震發生後必須面對及處理的一些事項：

1.打開收音機廣播及電視報導了解災情及緊急情況指示，勿任意聽信謠言。萬一停電了，最好使用可攜帶式的電池收音機聽取最新消息和緊急措施，對你的處境會有最適切的建議。

2.受困時，保持鎮定、清醒，可敲打物品發出聲響引起救災人員之注意，等待救援。

3.隨時注意餘震發生。嚴防歹徒趁火打劫。

4.盡量避免佔用電話，必要時亦應長話短說以免造成佔線，阻礙救災聯繫。

5.確定家人安全後，立即幫助鄰居救急。挽起袖子，加入救災，早日恢復家園。

6.若在山邊應注意崩塌落石。

7.遠離海灘、港口地區以防海嘯侵襲，即使地震後數小時亦應警戒。

8.若無救災需要，切勿湧向災區觀望，影響救難進度。

9.避免接近、出入斷落的線路、破掉的管路、危險區域，遠離受損的建築。

4.3.3 震後撤離和疏散

地震過後如果我們所在位置具有安全顧慮時，就有必要緊急撤離和疏散，因為地震而引起的安全顧慮有：

1.建築物嚴重受損可能進一步倒塌。

2.附屬設施如窗戶玻璃震破，櫥櫃、電燈、電扇、天花板掉落。

3.可能引起火災。

有以上這些現象或顧慮時就必須進行緊急避難疏散。緊急避難疏散前，打開事先準備的收音機收聽災情，了解道路是否通暢以及政府因應的救援行動，並進行撤離及疏散。緊急撤離計劃包括 1.留下字條，讓家人知道你到那裡去。2.攜帶地震緊急包，內有(1)外地可連絡到的親朋電話號碼。(2)重要文件（身份證、印鑑、房地產所有權狀等）。(3)飲水食物、藥品、通訊用品等。3.關閉門窗、水電、瓦斯才離開。4.到預先約定好的集合地點等待家人會合。5.徒步避難：若有避難需要，一定要用徒步的方式前往避難場所，千萬不可開車，免得受到阻礙，容易造成事故。

其他緊急避難疏散的注意事項還有：

1. 儘可能穿著鞋子，以防震碎的玻璃及碎物弄傷。
2. 聽從緊急計畫人員的指示疏散。
3. 高樓居民逃離時，切勿爭先恐後，否則易跌倒而被踏斃，並使出口擁塞。

　　大地震過後，建築結構本身或附屬設備與擺設物品可能因劇烈的震動而受損、傾倒、掉落，再加上後續隨時會發生的餘震，人員必須在強震後緊急撤離至安全避難場所。尤其是學校，如何在驚恐的情緒中有效率、有秩序地讓所有師生人員撤離是個事先規劃與反覆演練的課題，以便地震後有適度的反應。至於學校在地震後緊急避難疏散的注意事項請詳見專欄四之「學校地震防護計畫」中的地震後的處置。

4.4　地震災害的降低減少

　　地震是台灣居民無法避免，勢必一再發生，而且必須面對的重大天然災害。地震防災教育有關災害防救意識的提升及知識的推廣更是刻不容緩。為深植防災救災觀念，提昇防災知識及災害應變技能，應教導民眾正確災害防救觀念，此即編著此書之目的，希藉此深植防災知識及提昇災害應變能力於全民，將災害損失減輕至最低程度。

4.4.1　民眾的認知與自我審視

　　台灣災害性地震不斷，防災能力應是每個國民所必須具備的基本能力，但是人民是否有此災害應變的能力，令人懷疑。審視臺灣人民的防災意識，仍只是粗淺模糊的印象。有鑑於此，希望能夠讓大眾獲知許多地震防災的知識及技巧，都能夠了解地震雖然可怕，

但如事前有準備，就可以把傷害損失降至最低，讓人民的財產及身家安全獲得保障。瞭解地震災害特性，並在平時做好準備，加強臨震反應與緊急避難演練，才能在地震中保護自己，減少地震損失。

看完此篇後。您應該自我審視，至少要了解了下列事項：

1. 地震發生前居家需做的準備（例如先準備好緊急避難包，並且定期更換）、地震發生時本人要做的應變（例如先將火源關掉，躲在堅固的家俱旁，要低於家俱的高度，不能搭電梯）以及地震發生後的處理狀況（例如檢查家中的瓦斯、電源有無損害，還有房屋結構的受損情形）。

2. 正確了解地震發生時的應對策略，判斷地震是否會造成生命威脅，立即決定該留在原地還是要跑出屋外。

3. 地震發生時，人在室內及戶外的應變措施（例如如果當時在室外，應遠離危險區域，像是大片玻璃窗旁，並且往高地跑。）

4. 學校在地震發生前需做的準備、地震發生時師生要做的應變以及地震發生後各級人員的處理狀況（例如學校應做好結構物的危害評估，和準備緊急應變補給品，學生每學期要舉行防震演習，老師也要做地震課堂教育。地震後，學生會疏散到指定的地點，而且馬上點名，老師設法使學生保持鎮定和安靜。護士協助治療受傷的學生等。）

5. 地震發生時，人在校內外的應變措施（例如人在校內，應採取蹲、躲、握的姿勢，保持鎮定，打開教室的門。）

4.4.2　政府的責任與實質行動

政府在防災教育方面也應全面展開，戮力以赴，可從下列各項著手：

1. 負責地震災害防救業務的各級單位及負責人員應了解各管轄地區的地震災害特性、災害潛勢、危險度及境況模擬相關資料與運用。
2. 防災人員定期參加災害防救訓練課程，以持續提昇防救災人員新知識及新技能。隨時引入國內外相關研發成果，充實防救災新知識。
3. 地震災害防救基本觀念納入各級學校教育課程，尤須從小開始教育學生。
4. 建置地震災害防救專業資料庫供民眾使用，推廣災害防救知識及觀念。
5. 運用各種管道包括網路、媒體等加強地震防災宣導、普及防災知識。
6. 定期舉辦中央及地方各層級的地震災害宣導活動，加強如地震體驗車的體驗型學習設備功能，並進行災害防救演習。
7. 加蓋中、南、東區地震防災教育館，舉辦地震防災展覽及開放一般學生民眾參訪。
8. 地震災害防救人員培訓，加強社區民眾防災觀念，實施緊急救援隊訓練，以加強社區自我防救災功能。

4.4.3　總結

　　台灣位於地震活動非常頻繁的環太平洋地震帶上，而且經常有強烈的地震發生。地震的觀測，不僅在地震學上的研究，讓我們瞭解地球的構造，有效開採資源外，更可藉由長期及大量的地震觀測資料，分析地震活動趨勢，對今後及地震災害評估與防範上，有重大裨益。近年來我們的經濟持續高度成長，大型結構物如電廠、高樓日漸增多，捷運系統、高速鐵路等建設相繼建造在地層較軟弱的

平原盆地，因此地震災害的威脅亦相對提高；為有效減低和預防災害，除了加強地震方面的研究，制定經濟又安全可保護人民生命財產安全的耐震設計規範外。防災教育更是不可或缺的重要一環，剖析地震災害成因，落實地震防護教育，善用本書地震基本知識，更是有助於民眾的逃生契機。

地震是台灣居民無法避免，勢必一再發生，而且必須面對的重大天然災害。由於台灣的自然環境因素，以致地震災害不斷，至今仍無法運用人為力量加以免除，因此，為有效減低人民生命財產損失，除了加強地震防災科技之研究與應用推廣外，地震防災教育的落實更是不可或缺。不僅各級學校應積極配合政府來教育各學子，一般民眾也要正確認識台灣的地震特性，作有效的地震防護反應，以降低地震災害所造成的損失。因此，作者累積了教學及地震防護宣導的經驗，編著了本書「地震存亡關鍵」，以呼應上述之需求。

本書共分四大篇，由地震該如何跑－往上或往下？來探討剖析地震存亡關鍵。首先，第一篇是要有正確的地震防護知識－求生關鍵，台灣位於地震帶，但令人訝異的是，民眾對於地震避難的知識卻相當淺薄，這點學校及相關主管機關應該加強防災觀念的教育宣導，民眾本身也要用心去吸收汲取這些保命知識。防災是因地制宜，畢竟每棟建築的設計與使用傢俱都不同，避難原則只是提供參考，只有觀念正確、反覆眼練才能提供最好的保命判斷，這本「地震存亡關鍵」，就是要傳達正確有用的常識。第二篇是要有安全的居住場所－永保安康，現今，人類在建築物結構及技術領域中不斷在求新求進步，不斷提升規劃設計及施工方法，追求舒適的環境空間外，也必須考慮建築物的安全及施工品質的要求，以面對未來隨時可能遭遇的危機，以提高建築結構物使用價值及維護居民安

全的最大保障。

　　第三篇是九二一大地震的審視－前車之鑑，地震在台灣是無法避免的，但地震災害卻是可降低減少的。地震會帶來各種直接與間接災害，如山崩、地裂、斷層、土壤液化等地形的改變，以及建物倒塌損毀、橋樑、道路、水庫、堤防等結構物的破壞，加強對於地震災害的認識及防範，當瞭解可能引起地震災害的成因，我們即可採取各項預防的對策，以避免大地震時房屋震毀，傷及身體。在室內或室外從事其他活動時對突發的地震要能有臨時應變的能力，平時及提高警覺，並注重各種震災的防備，加強個人及家庭在地震時的安全防護要領及避難對策，才能減免地震引起的災害。第四篇則是下一個大地震前的準備－有備無患。地震防災知識可以概分為三大部分，即平時的準備、正確的臨震反應與緊急避難疏散。大地震所帶來的災難雖無法避免，但我們如能事前有計畫，臨事時能處理得當，應可將災害減至最低程度。而在地震發生時極為短暫且可能驚慌混亂的情形下，臨震反應與緊急避難疏散必須靠平時的準備與常規性的演練教育才能落實，才能做出正確且有效的反應，而真正達到減災的目的。

　　最後，希冀透過本著作有關地震防災教育的傳授，普及讀者地震防災常識，加強對於地震災害的認識及防範，並提升居住在台灣等地震帶民眾之地震防災知識智能，達到地震知識常識化目標，以有效適當的地震防護反應，減低地震災害所造成的生命財產損失。

專欄四

居家安全審視

平時的防範對策首重居家安全審視,由於早期土木結構耐震的專業知識與技術不足,相關設計與施工規範的要求遠不及目前的水準。因此,老舊結構必須進行耐震診斷與評估,以了解其耐震能力。既有建築物彼此間的耐震能力,可能差異很大,其原因為建築物設計的時間點不同,規範版本也不同,設計地震力亦隨之不同;建築物的韌性設計不同;建築物的材料設計強度不同;材料老化的程度不同;結構系統不規則的程度不同等。老舊結構係按照建造當時的規範進行設計與施工,或根本並未進行耐震設計。

居家安全審視在家中物品擺設及注意事項方面請參見 4.1.1 的三重四得,本專欄則著重於建築的安全審視部分。建築的安全審視可分為兩類:結構性單元與非結構性單元:

1. 建築結構性單元

 (1)對既有的建築物耐震性評估及補強。

  不要任意拆除柱、樑、牆、樓版,以免破壞建築結構系統,地震時受損。室內裝修儘量不要拆除隔間牆,尤其是一樓的隔間牆。隔間牆雖然不是主結構體,但遭遇強震時卻是抗震的「第二道防線」。尤其是一般老舊建築或未做好耐震設計施工的大樓,隔間牆可於強烈地震時扮演重要的角色,彌補主結構體耐震能力的不足,如有裂損,應儘速修復。頂樓也不要任意違法加蓋。另外,室內也不要過份裝修,將樑、柱、牆面、樓版全部用裝

修材料、壁紙等隱蔽起來，不但在地震後無法立即檢查受損情形，且易引起火災，不利消防安全。

(2)對新建住宅基地地震危害度的評估。

(3)使用耐震性良好的建築材料。

(4)建築結構體也要定期作安全檢查維修，尤其是奇形怪狀的別墅或屋齡超過 20 年的老舊房屋，請專家檢查房屋結構安全。

2.建築非結構性單元

(1)檢查燈以及天花板是否有堅固的支撐。

(2)確定瓦斯爐有牢固的栓在牆上，而且所有瓦斯熱水爐和其它的用品都使用軟性管子來連接瓦斯管。

(3)確定沒有沉重的物體，書櫃或是電視，會掉在你的床上。

(4)減少使用可能的墜落物及懸掛物（吊燈、吊扇），易碎物品如水晶、玻璃瓶杯、陶瓷等，應避免碰碎，遭割傷。

(5)清理家中易爆、易燃物品，容易掉落的高架物品及陽台的花盆、磚塊等危險物品。

(6)定期檢驗消防設備期限，避免過期無法使用。

(7)定期請專人檢查瓦斯、電線、水管、電熱水器安全。

(8)檢視居家緩降梯、逃生門可用否。

(9)透過實際發生的有感地震不定期實施來熟悉整套作業方式。

(10)如有必要也可請專家來檢視避難地點是否恰當。

學校地震防護計畫

壹、地震前應有的準備

一、學校

1.建物危害評估

學校至少要做一次全面性的結構物危害評估，以找出必要的修繕項目。每學年度進行一次非結構物危害例行性評估。

(1)結構物危害評估應包括：柱、樑、負荷承載牆、樓地板、地基等建築物結構體的耐震能力評鑑以及要拆除或補強結構物的可行方法。

(2)非結構物危害評估則包括：

①附近有無易燃、有毒、高壓電線、高腐蝕性、劇烈化學品或放射性物品？

②地震後指定疏散地點，附近有無煤氣、上下水道管線？

③圍牆、樹木、看板、遮陽棚、煙囪、熱水器、鍋爐、外伸屋頂等是否穩固？

④室內電燈、電風扇、圖框、獎牌、裝飾物等懸掛或懸吊物體是否穩固？

⑤每間教室應有一個標明「替代逃生路線」的窗戶，其材質是安全玻璃或塑膠玻璃。

⑥書櫃、書架、檔案櫃、視聽器材、電腦、顯示器、鋼琴、冰箱、冷氣機、隔間屏風等是否穩固？

⑦排除或補強非結構物的可行方法

2.緊急應變補給品

每年應清點補給品，隨時補充或更換變壞或過期的。

補給品包括：

(1)指揮中心用品：手提擴音器、收音機、對講機（儲存於遠離建築物的地點）。

(2)急救用品：分散存放於建築物外的地點。

(3)關閉水電及搜救工具：搜索和搶救所需（儲存於建築物外的地點）。

(4)維生及衛生用品：短期維生所需包括飲水等之物品。

二、教職員

1.校長

(1)擔任指揮官，熟悉本身地震防護的職責。

(2)每學年開始召開學校緊急應變委員會，檢討修訂緊急應變計畫及指派責任。委員會成員應包括校長、家長會緊急應變委員會召集人、教師、職員等。指派職務代理人、副指揮、緊急應變領隊、候補領隊等。

(3)保存乙份緊急應變計畫書。

(4)督導緊急應變計畫之執行，包括每間教室到指定安全集合場所的路線選定。

(5)審核家長會緊急應變委員會召集人的年度緊急應變補給品庫存報告，確保維持最佳狀態，過期的補給品要汰換，緊急應變識別卡每年應更新。

(6)陳報教育主管單位年度庫存清單，並申報補給品所需之經費。

(7)督導教職員熟悉相關緊急應變的職責、急救和搜救技能。

(8)接受最新搜救訓練及熟悉教育局的地震後校舍再進入準則。

2.教師及職員

(1)熟悉本身地震防護的職責。

(2)確保存放在指揮中心的緊急應變補給品的收音機隨時可用。

(3)確保每個學生都有一張填好的緊急應變識別卡,並用線繩穿好存放在儲存箱內。

(4)執行防震演習和地震教育課程。

(5)接受最新的急救訓練。

(6)審視教室內具潛在危險的地方,並採取措施予以補正。

三、學生

1.課堂教育:每年應上一次地震教育課程,其內容應包括

(1)地震防護課程,當作正規科學課程。

(2)和地震相關的注意事項:如

①地震可能造成的後果,如破碎玻璃、化學藥品逸散、書籍掉落、桌椅移動等。

②隨地震而產生的各種噪音。

③學生要保持鎮定和安靜才能聽到老師的號令。

④地震時,不在教室的人應該遵循的程序:如在廁所、走廊、操場等。

⑤餘震發生的可能性,校園內或其他地方可能發生

的危險。

⑥緊急補給品存放地點。

⑦當教師不在教室等因素無法帶領時，應遵循的程序。

⑧地震後學生放學的規定。

2.防震演習

每學期舉辦一次防震演習。演習應包括以下基本事項：

(1)在教師指揮下，學生採取「蹲、躲、握」姿勢。

　①蹲：蹲在地上。

　②躲：低於課桌、辦公桌或其它堅固傢具旁躲避，或緊靠隔間牆下，並用雙臂或書包掩護頭頸，避開窗戶、懸掛物體附近之地點。

　③握：如蹲在堅固的桌子旁，應握住桌腳，並準備隨時跟著它移動，並且面部向下保護臉部以免被玻璃碎片或燈管擊中。

　④停：保持蹲下的姿勢，靜待口令指示。

　⑤聽：保持安靜並注意傾聽教師的口令。

(2)教師發口令要學生疏散到事先指定的集合地點。

(3)教師和學生一起疏散到集合地點。

(4)校長和領隊疏散到事先指定的指揮中心地點，攜帶擴音器和指揮中心緊急應變箱。

(5)教師點名並分發學生緊急識別卡給學生戴上。

(6)教師通報指揮中心失蹤學生名單。

(7)教師和學生停留於集合地點，等候校長進一步指示。

四、學生家長會

1.參與學校緊急應變委員會，檢討修訂緊急應變計畫。

2.年度學生之緊急應變補給品清點、汰換，確保品質，並由召集人報請校長審核。

3.協助學生之緊急應變識別卡的更新。

貳、地震時的反應

一、室內

當地震發生時，一樓盡速向空曠處疏散，正在二樓以上室內的師生則採取「蹲、躲、握」的姿勢。

1.蹲：蹲在地上。

2.躲：低於課桌、辦公桌或其它堅固傢具旁躲避，或緊靠隔間牆下，同時臉部向下並用雙臂或書包掩護頭頸，避開窗戶、懸掛或懸吊的物體附近之地點。

3.握：如蹲在堅固的桌子旁，應握住桌腳，並準備隨時跟著它移動，並且面部向下保護臉部以免被玻璃碎片或燈管擊中。

4.停：保持蹲下的姿勢，一直到地震停止後。

5.聽：保持安靜，聆聽老師或指揮中心的指示。

6.逃：地震發生時打開教室的門，以防止門變形無法打開，而影響逃生。

二、戶外

當地震發生時，如果人在戶外，則應採取替代的蹲、躲姿勢。

1.蹲：儘可能遠離建築物、玻璃窗戶、樹木、裸露電線、看板和其他可能傾倒造成危險的地方，蹲在地上，開曠如操場的地方最安全。

2.躲：如不在空曠地，用手臂或書包掩護頭部。臉部向
　下，隨時準備躲避，並留意四周可能發生的危險。

3.停：身體保持蹲下的姿勢，一直到地震停止後。

4.聽：保持鎮定，並注意聆老師或指揮中心的指示。

5.如果是在校園內，則走向預先指定的集合地點。

參、地震後的處置

　　在地震緊急應變計畫，所有教職員及學生幹部都事先指定好
職務。同時，每個指定人都有職務代理人。

一、指揮中心人員（校長、副指揮、緊急應變領隊）

　　1.疏散並設立指揮中心，使用指揮中心應變用品，指揮
　　　全校緊急應變作業。

　　2.巡視學校整體狀況，初步損壞評估，並即向教育上級
　　　單位回報。在尚未檢查完成之前，禁止任何人進入。

　　3.遵照規定，讓學生離開學校：交由家長或緊急識別卡
　　　上之指定人領回。由視情況送交醫療中心。留存學生
　　　去處的資料，以便家長查詢及會合。

二、教師

　　1.疏散前先查看教室外面的情況。指揮學生疏散到預先
　　　指定的集合地點，走最安全的路線。疏散後，除非教
　　　室已經過檢查並經校長許可，不准返回教室。

　　2.點名，記載所有失蹤、受傷和不在場學生姓名。

　　3.通報指揮中心失蹤和受傷的學生名單。

　　4.安撫學生保持平和心情。

　　5.聽候校長或指揮官的指示。

三、駐校護士

　　1.完成學校急救站的設立和運作。

2.負責急救隊治療受傷學生。

四、學校技工

1.擔任水電管制及搜救隊人員。

2.檢查校區瓦斯及水電，關閉瓦斯及水電。

3.設置臨時衛生及飲食設備。

4.留守指揮中心。

避難處選擇的爭議

對於地震發生時的應變，不論身處何處，都應立即選擇一安全的避難處，避開危險區域，趨吉避凶。在 4.2.2 節我們已說明何處是安全的避難處，哪裡又是危險的區域。由於九二一地震造成了 2456 人死亡，房屋毀損達 106,685 棟；加上媒體宣揚所謂的〈正確的地震保命法〉中，提及「地震來時，你躲在哪裡？如果你依照小時候老師教我們的方法乖乖躲在桌子底下、床舖底下，那麼，我必須告訴你，你的傷亡率，高達百分之九十八！！那該怎麼辦？美國國際搜救隊長教你正確的躲避位置。」在此則報導中，對避難處的選擇有所爭議？是否有真正正確的躲避位置，我們在此專欄裡作一探討及說明。

〈正確的地震保命法〉是美國國際救難總隊隊長道格卡普在民國 86 年到中華民國搜救總隊所做的演講，但一直到 88 年發生九二一地震後，這篇演講才受重視。道格卡普的說法明顯和國內傳統的作法不同，何者為是？筆者在 96 年 9 月參加國家災害防救科技中心所主辦的「台日強震即時警報系統技術交流研討會」中，有一主題為「日本強震即時警報之學校防災教育」的影片仍然教育日本學童要躲在桌下來避震，在筆者的提問其對美國國際搜救隊長的主張時，日本教授仍堅持原先躲在桌下的做法。顯然美日的主張有所差異，那台灣呢？

以作者的看法說明如下：早期要求學生在防震演習中，躲在課桌下，其原因是要避開因地震造成天花板落下的物品（燈管、電風扇、玻璃、剝落混凝土塊等）對學生頭部的重擊，並未進一步考慮到整個樓版會塌陷下來，直接壓傷學童，畢竟這樣的地震少之又少，那這樣的強震如何判斷呢？這可由第一篇地震防護知

識得知。建築物樓版因強震倒塌時，會將桌子壓毀，人如果躲在桌下，反而壓縮了逃生空間，如果人以低姿勢躲在桌旁，桌子可以緩衝倒塌物品的力道，而且旁邊可製造一生存空間。在經歷過九二一地震後，我們知道如果地震是發生在白天上學時刻，則學校教室的建築結構是無法保護學童的。因此不怕一萬只求萬一，我們依經驗及往例，彙總的做法是：「**躲避在課桌椅旁，背向窗戶，身體姿勢放低，並用書包保護頭部，避免被碎玻璃或是懸掛物品、其它高處掉落的物品如燈具、電風扇、剝落混凝土塊等掉落擊中。**」實際避難還是要因地制宜。地震時很難找到可以保護自己而且絕對安全的地點，但是在相對安全的地點避難，一定可以大大減少傷亡的發生。

震後建物檢查

　　九二一集集地震造成數萬棟的樓房損毀，損壞的程度不同，毋須全部重建，損壞較輕微的透過修復就能恢復舊觀，甚至可提升原有樓房結構的耐震能力。在九二一大地震中輕微或中度損害的房屋多半能補強修復。重建補強的建築物大都能滿足新頒布的耐震設計規範的要求，設計施工的品質也明顯地改善。對於地震後的自主檢查項目，主要參考臺北市政府工務局所頒訂的自主檢查表作逐項檢查。如後方附圖。

一、先查看整棟大樓

　　1.詢問左右鄰舍、樓上樓下住戶是否都有損害。

　　2.共同查看整棟大樓是否有異常傾斜、沈陷現象。

　　3.檢查門窗是否被擠壓變形，牆壁有無龜裂，柱、樑、牆、樓版有無裂損。

二、再從一樓開始檢查

　　1.注意柱子是否有嚴重裂縫或混凝土被壓碎剝落、鋼筋外露等現象。

　　2.一樓為開放空間的挑高大樓，或一樓原為老舊建築被改變成超商、餐廳或大賣場的用途，應特別檢查。

三、檢查各樓層的柱、樑、牆、樓版

　　1.柱：

　　查看樑柱接合處、柱子的頂端或底部、門窗邊的柱子則注意柱子在門窗開口的部位，是否有近似 45 度或交叉的斜向裂縫，甚至混凝土剝落、鋼筋外露等現象。柱子頂端或底部若有明顯的水平裂縫或錯位，亦應注意。

2.樑：

特別注意看樑端（樑靠近柱子的地方）或樑靠近牆的地方，是否有近似 45 度或交叉斜向裂縫，甚至混凝土剝落、鋼筋外露。若柱與柱間距較大，下面無隔間牆的長樑，中央部位有垂直向裂紋，只要樑無明顯的下垂變形，於震後妥為修復即可。

3.牆：包括剪力牆與隔間牆

(1)剪力牆：因為一般大樓不一定會設計有剪力牆，民眾也不容易分辨何者為剪力牆。若厚度超過二十公分的鋼筋混凝土牆，周圍有樑柱框架起來，無門窗等開口，很可能是剪力牆。應檢查牆面是否有近似 45 度之一道或多道裂縫，甚至上下錯位、混凝土剝落、鋼筋外露等現象。當牆壁的裂縫足以塞入一個十元銅板和鋼筋外露，表示建築物結構破壞的很嚴重。由於剪力力牆是抗震的重要結構元件，若有上述情形，應儘速補強。

(2)隔間牆：隔間牆嚴重裂損，上下錯位，應拆除重砌。

4.樓版：

檢查是否有混凝土嚴重剝落、鋼筋外露情形。

四、震後建物若有上述情形，應請專業人員評估進行補強設計，施工修復。

五、損害輕微可自行補強修復

1.隔間磚牆、外牆之細裂縫（裂縫寬度 0.2 公分以下）：隔間牆或外牆於震後可能出現近似 45 度的一道或多道斜向裂縫，一個交叉或多個交叉裂縫。民眾可自行沿裂縫將表面粉刷層敲除，若僅為表面粉刷層

　　裂縫，敲除粉刷層重新粉刷即可。若裂縫深入磚牆或
　　鋼筋混凝土牆，可以環氧樹脂灌入修復。但若牆體裂
　　損較嚴重，甚至上下錯位變形、局部坍塌，則應拆除
　　重砌。

2.門窗、開關箱角落的牆裂縫。

3.插座附近牆裂縫、水龍頭附近的牆裂縫、樓版燈具
　　附近的裂縫，可能是內埋電管、水管等施工不良所
　　引起。

4.磚牆與樑或樓版交處的水平裂縫，磚牆約一半高度的
　　水平裂縫，與鄰居隔戶牆的門形裂縫。

5.牆與牆轉角裂縫：磚牆與柱及鋼筋混凝土牆交接處之
　　垂直裂縫，牆轉角處之垂直裂縫。

6.樓梯平台裂縫。

7.屋頂女兒牆、陽台牆、欄杆等之裂損。

　　以上裂縫往往會伴隨牆面、樓版面的粉刷層剝落或磁磚剝落
裂損現象。若裂縫寬度超過紙張可插入的寬度，可以用環氧樹脂
灌入修復，細裂紋則以補土油漆方式處理，可以防止水氣滲入，
外表再重新粉刷油漆或貼磁磚恢復原狀。

　　自主檢查表附圖：

一、可自行修復部分

　1.柱樑

　　(1)柱表面大理石或磁磚掉落

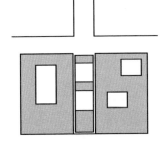

(2)樑細小裂紋

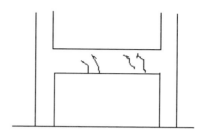

2.1 磚牆

(1)磚牆窗台（或冷氣口）下裂縫

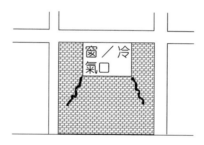

(2)門楣磚牆裂縫（多產生於隔間牆）

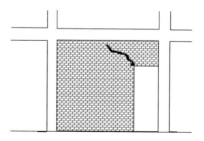

(3)橫向裂縫（非三樓以下老舊建物）

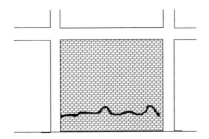

(4)牆面開口處對角斜裂縫（非三樓以下老舊建物）

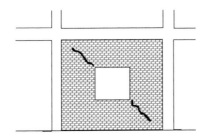

2.2 RC（鋼筋混凝土）牆

(1) RC 外牆 X 型裂縫寬度 0.2 公分以下

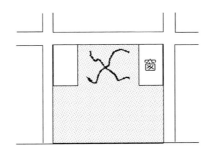

(2) RC 牆斜向裂縫（裂縫寬度 0.2 公分以下）

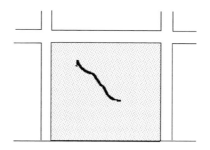

(3) RC 牆 X 形裂縫（裂縫寬度 0.2 公分以下）

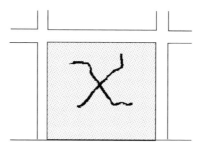

(4) RC 牆水平裂縫（裂縫寬度 0.2 公分以下）

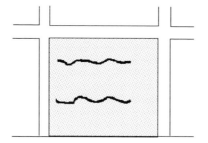

(5) RC 牆面開口（窗等）斜向裂縫（裂縫寬度 0.2 公
　　分以下）

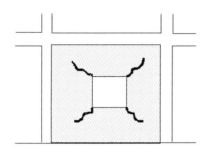

3.樓梯

(1)平台或轉角發生裂縫

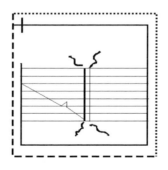

(2)樓梯平台發生直向裂縫

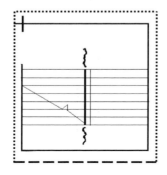

二、須請專業人員評估部分

1.建築物

(1)建築物傾斜

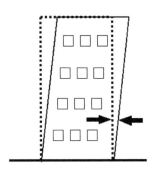

(2)鄰房傾斜，倚靠或部份樓層緊貼在本建築物

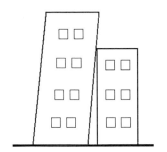

2.柱樑

(1)三樓以下老舊建物，牆身與下部基礎脫離

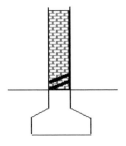

(2)柱頂或柱底斜向裂紋

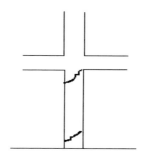

(3)柱出現交叉裂紋

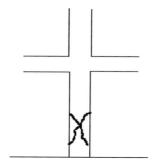

(4)樑端斜向明顯裂縫

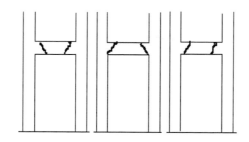

(5)樑縱向裂縫

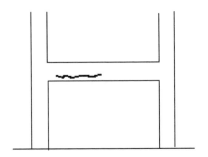

(6)樑明顯交叉裂縫

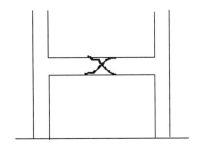

3.1 磚牆

(1)三樓以下老舊建物，磚外牆沿 RC 柱或樑邊離縫

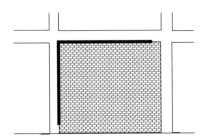

(2)外牆（磚牆）成斜向 X 形寬大裂縫

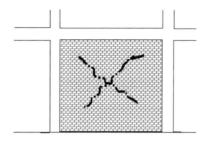

(3)三樓以下老舊建物，橫向裂縫

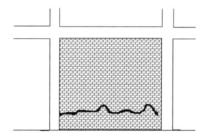

(4)三樓以下老舊建物，牆面開口處對角斜裂縫

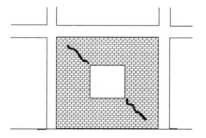

3.2 RC 牆

(1) RC 牆斜向裂縫（裂縫寬度 0.2 公分以上）

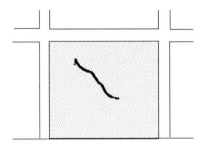

(2) RC 牆 X 形裂縫（裂縫寬度 0.2 公分以上）

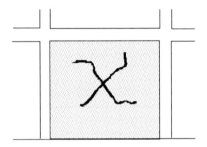

(3) RC 牆水平裂縫（裂縫寬度 0.2 公分以上）

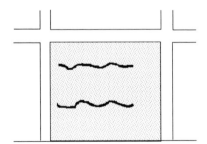

(4) RC 牆面開口（窗等）斜向裂縫（裂縫寬度 0.2 公分以上）

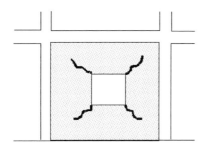

(5) RC 牆發生沿鋼筋位置之裂縫（鋼筋銹蝕膨脹使混凝土發生裂縫）

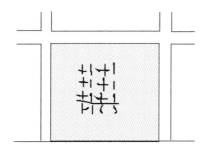

4.樓梯

樓梯平台發生沿踏步處水平斷裂

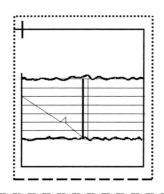

震後檢查相關單位的聯絡電話

震後檢查相關單位的聯絡電話如下：

1.地震消息查詢：166；(02)23491181

2.緊急救災、救護：119

3.各縣市相關建築管理機關：

台北市建管處　(02)27028889-6

高雄市建管科　(07)3373251

基隆市建管課　(02)24201122-308

台北縣建管課　(02)29603456-447

桃園縣建管課　(03)3376300-6101

新竹市建管課　(03)5282064

新竹縣建管課　(03)5518101-274

苗栗縣建管課　(037)322150-133

南投縣建管課　(049)222106-280

台中市建管課　(04)2289111-1751

台中縣建管課　(04)5263100-2567

彰化縣建管課　(04)7222151-220

雲林縣建管課　(05)5322154-221

嘉義市建管課　(05)2254321-230

嘉義縣建管課　(05)3620123-112

台南市建管課　(06)2411001-352

台南縣建管課　(06)6322231-260

高雄縣建管課　(07)7477611-193

屏東縣建管課　(08)7320415-312

宜蘭縣建管課　(03)9364567-1331

花蓮縣建管課　(038)227171-239

台東縣建管課　(089)326141-233

澎湖縣建管課　(06)9274400-234

4.各類管線檢修：

(1)電力公司

用戶專線電話　080-031212

(2)中華電信

電話障礙申告　112

(3)自來水公司

台北自來水事業處　080-000786

台灣省（含高雄）自來水公司總管處　080-000876

(4)天然氣

欣隆天然氣公司　　(02)24566106

大台北區瓦斯公司　(02)27676552

陽明山瓦斯公司　　(02)28959797

欣欣天然氣公司　　(02)29226666

欣湖天然氣公司　　(02)27943218

新海瓦斯公司　　　(02)29875291

欣泰瓦斯公司　　　(02)22736243

欣桃天然氣公司　　(03)3368380

新竹縣瓦斯管理處　(03)5513747

竹建瓦斯公司　　　(03)7862871

裕苗企業公司　　　(03)7985220

中油苗栗營業處　　(03)7260780

中油新竹營業處　　(03)5721311

欣中天然氣公司　　(04)3235167

欣彰天然氣公司　(04)7322101

欣林天然氣公司　(04)9338825

欣雲天然氣公司　(05)5341621

欣嘉天然氣公司　(05)2284208

欣營天然氣公司　(06)6563823

欣南天然氣公司　(06)2348736

欣雄天然氣公司　(07)7481100

欣高天然氣公司　(07)5331119

南鎮天然氣公司　(07)3369881

欣屏天然氣公司　(08)7552405

5.可以協助檢查建築物的民間團體：

中華民國建築師公會全聯會　(02)23775108

台北市建築師公會　(02)23773011

台北市結構技師公會　(02)87681118

高雄市建築師公會　(07)3237248

高雄市結構技師公會　(07)7138518～7138519

台灣省建築師公會　(02)29682144、(04)3160922

台灣省結構技師公會　(02)87681117

參考資料

中華民國建築師公會全國聯合會，（2000），九二一集集大地震
　　震災調查、建築物耐震能力評估修復補強專輯。

田永銘、陳建忠、莊德興，90 年 6 月。集集大地震罹難者居住建
　　築物特性調查及統計分析。

台灣省政府交通處，（1995），防震作業手冊。

交通部中央氣象局（2005），「地震百問」。

行政院國家科學委員會，（1999），地震防災手冊。

余聰明（2003），斷層錯動、地殼變位及強地動與地震災害相關
　　性之研究，地球物理研究所博士論文。

李起彤（1991），活斷層及其工程評價，地震出版社，169 頁。

林呈和孫洪福（2009），見證九二一集集大地震（上）（下）－
　　震害成因與因應對策，麥格羅.希爾出版公司、台灣省土木技
　　師公會。

林其璋、魏志揚和張長菁（2002），九二一地震高層建築
　　之震害分析，國家地震工程研究中心地震中心技術報告
　　NCREE-02-057。

吳瑞賢（2004），天然災害教材編撰，防災科技教育改進計畫辦
　　公室。

倪勝火和賴宏源（2000），九二一集集大地震後續短期研究-
　　九二一地震引致中部縣市土壤液化地區之調查，國家地震工程
　　研究中心地震中心技術報告 NCREE-00-015。

洪如江：初等工程地質學大綱，財團法人地工技術研究發展基金
　　會，1998。

馬國鳳（1999）〈由地震活動及地震記錄分析九二一集集大地

震〉國立中央大學地球物理研究所網站。

許茂雄（2001），建築物，財團法人中興工程科技研究發展基
　　金會。

許茂雄、葉祥海、劉玉文、陳義宏、陳奕信、杜怡萱；集集地震
　　鋼筋混泥土建築物震害原因初步探討，結構工程，Vol.14，
　　No.3，pp.71～90，1999.10。

溫國樑、江賢仁、張芝苓、張道明，2002。臺灣地區之強地動觀
　　測與地動特性，臺灣之活動斷層與地震災害研討會。

陳清泉，1985。古代與近代建築物對地震力作用之反應，
　　一九三五年新竹－台中大地震五十周年紀念研討會論文集。

陳肇夏（2000），「九二一集集大地震專輯版者」，中央地質調
　　查所。

教育部（2004），防災教育白皮書，教育部。

詹氏書局編輯部，2009，最新建築技術規則，詹氏書局，283頁。

翁作新（2000），九二一集集大地震後續短期研究-員林地區液化
　　土壤動態特性初步探討，國家地震工程研究中心地震中心技術
　　報告 NCREE-00-055。

褚炳麟、徐松圻、林成川和李明翰（2002），全國液化圖之製作
　　及評估方法之研究-台中市和南投縣，國家地震工程研究中心
　　地震中心技術報告 NCREE-02-006。

蔡克銓（2001），耐震減震與隔震結構設計，財團法人中興工程
　　科技研究發展基金會。

蔡衡、楊健夫（2004），台灣的斷層與地震，遠足文化事業有限
　　公司。

蔡義本（2004），天然災害教材編撰，防災科技教育改進計畫辦
　　公室。

蔡義本、王乾盈、李錫堤、許茂雄和劉坤松，（1998），臺灣區

學校附近活斷層普查及防震對策研究計畫研究報告。臺灣省政府教育廳。

鄭世楠、葉永田、徐明同、辛在勤（1999），台灣十大災害地震圖集，290頁。

劉坤松和張智峰（2007），環境地球科學概論，新文京出版公司。

劉坤松，蔡義本（2007），以九二一集集地震之建築物強震紀錄探討大樓高層震度的放大效應，建築學報，第 61 期：151-173。

蕭江碧、葉祥海、許茂雄、蔡克銓和丁育群（1999），九二一集集大地震全面勘災報告-建築物震害調查，國家地震工程研究中心地震中心技術報告 NCREE-99-054。

蕭江碧、田永銘、莊德興、陳建忠，（2001），「集地震罹難者居住建築物特性調查及統計分析（I）」，內政部建築研究所，MOIS 892043 研究計畫報告。

參考網頁

九二一地震園區 http://www.ctsp.com.tw/921.htm

中央地質調查所全球資訊網 http://www.moeacgs.gov.tw/know/

中央氣象局資訊服務網站 http://www.cwb.gov.tw/

中央研究院地球科學研究所 http://www.earth.sinica.edu.tw/

內政院消防署 http://www.nfa.gov.tw/

內政部營建署 http://www.cpami.gov.tw/index.php

台中市消防局 http://www.tccfd.gov.tw/menu.asp

台北市立教育大學自然科學系 http://cgsweb.moeacgs.gov.tw/result/Fault/web

台灣地震知識庫 http://proj1.sinica.edu.tw/~tibe/1-care/earthquake/

自然公園 http://www.pts.org.tw/ ~ web02/nature/content10-3.htm

地震防災教育 http://140.115.123.30/GIS/eq/seismic.htm

地震防災專欄 http://www.yam.com/921/protect/

地震防災網 http://gis.geo.ncu.edu.tw/GIS/eq/seismic.htm

地變與防災 http://gis.geo.ncu.edu.tw/earth/edu98/edu98.htm

地震連結網　http://www.taipei.gov.tw/cgi-bin/
　　SM_theme?page=437bde3c

地震防護網 http://scman.cwb.gov.tw/eqv5/eq_protect/protect.htm

地震安全檢查網 http://www.dba.tcg.gov.tw/taipei/erhqkediy/
　　erhqkediy.htm

地震安全守則 http://www.hko.gov.hk/gts/equake/eq_safety_c.htm

地震地變與防災 http://gis.geo.ncu.edu.tw/earth/edu98/edu98.htm

地震科學探索 http://www3.nstm.gov.tw/earthquake/index.htm

行政院災害防救委員會 http://www.ndppc.nat.gov.tw

行政國家科學委員會 http://web.nsc.gov.tw/

防災常識 http://921.yam.com/book/books.htm

防災教育網頁 http://nedio.ntu.edu.tw/921/education/form.htm

防災知識網 http://921.yam.org.tw/protect/

防災知識網 http://www.119fire.org.tw/8/know.htm

教育部：http://www.edu.tw/EDU_WEB/Web/E0001/index.htm

國立中央大學應用地質研究所 http://gis.geo.ncu.edu.tw/

國家地震工程研究中心 http://www.ncree.org.tw/

國家圖書館出版品預行編目資料

地震存亡關鍵／劉坤松著.
—初版.—臺北市：五南, 2010.09
面；　公分.
參考書目：面
ISBN 978-957-11-6081-8（平裝）
1.地震　2.逃生與求生
354.4　　　　　　　　　99015971

5U05

地震存亡關鍵

作　　者 — 劉坤松
發 行 人 — 楊榮川
總 編 輯 — 王翠華
主　　編 — 王者香
責任編輯 — 陳俐穎
封面設計 — 陳品方
出 版 者 — 五南圖書出版股份有限公司
地　　址：106台北市大安區和平東路二段339號4樓
電　　話：(02)2705-5066　傳　　真：(02)2706-6100
網　　址：http://www.wunan.com.tw
電子郵件：wunan@wunan.com.tw
劃撥帳號：01068953
戶　　名：五南圖書出版股份有限公司
台中市駐區辦公室/台中市中區中山路6號
電　　話：(04)2223-0891　傳　　真：(04)2223-3549
高雄市駐區辦公室/高雄市新興區中山一路290號
電　　話：(07)2358-702　傳　　真：(07)2350-236
法律顧問　林勝安律師事務所　林勝安律師
出版日期　2010年9月初版一刷
　　　　　2015年3月初版二刷
定　　價　新臺幣300元